海洋机器人科学与技术丛书

封锡盛 李 硕 主编

水中目标新型
被动检测理论及方法

胡 桥 著

科学出版社

龙門書局

北 京

内 容 简 介

本书围绕水中目标新型被动检测理论及方法，从水声目标信号与噪声特性、新型水声信号处理算法、水中目标被动检测模型、水中目标智能被动检测理论及水中目标混合智能识别五个方面进行研究并将相关成果进行总结，可为水下机器人、水下航行器的目标智能探测与识别提供坚实的理论支持，对海洋装备智能探测与识别等性能的提升具有重要意义。

本书可作为高等院校海洋目标探测与识别相关专业师生的参考书，对从事水下机器人、水下航行器等研究的科研人员，以及在此领域内从事生产、试验和应用工作的技术人员也具有一定的参考价值。

图书在版编目（CIP）数据

水中目标新型被动检测理论及方法 / 胡桥著. —北京：龙门书局，2020.7
（海洋机器人科学与技术丛书/封锡盛，李硕主编）
ISBN 978-7-5088-5711-4

Ⅰ. ①水⋯　Ⅱ. ①胡⋯　Ⅲ. ①水声信号检测　Ⅳ. ①TB566

中国版本图书馆 CIP 数据核字（2020）第 002255 号

责任编辑：宋无汗 李 萍 / 责任校对：杨 赛
责任印制：张 伟 / 封面设计：无极书装

科 学 出 版 社　出版
龍 門 書 局
北京东黄城根北街 16 号
邮政编码：100717
http://www.sciencep.com

北京凌奇印刷有限责任公司 印刷
科学出版社发行　各地新华书店经销

*

2020 年 7 月第 一 版　开本：720 × 1000　1/16
2024 年 1 月第四次印刷　印张：11 3/4
字数：237 000

定价：98.00 元
（如有印装质量问题，我社负责调换）

丛书前言一

浩瀚的海洋蕴藏着人类社会发展所需的各种资源，向海洋拓展是我们的必然选择。海洋作为地球上最大的生态系统不仅调节着全球气候变化，而且为人类提供蛋白质、水和能源等生产资料支撑全球的经济发展。我们曾经认为海洋在维持地球生态系统平衡方面具备无限的潜力，能够修复人类发展对环境造成的伤害。但是，近年来的研究表明，人类社会的生产和生活会造成海洋健康状况的退化。因此，我们需要更多地了解和认识海洋，评估海洋的健康状况，避免对海洋的再生能力造成破坏性影响。

我国既是幅员辽阔的陆地国家，也是广袤的海洋国家，大陆海岸线约 1.8 万千米，内海和边海水域面积约 470 万平方千米。深邃宽阔的海域内潜含着的丰富资源为中华民族的生存和发展提供了必要的物质基础。我国的洪涝、干旱、台风等灾害天气的发生与海洋密切相关，海洋与我国的生存和发展密不可分。党的十八大报告明确提出："要提高海洋资源开发能力，发展海洋经济，保护海洋生态环境，坚决维护国家海洋权益，建设海洋强国。"[①]党的十九大报告明确提出："坚持陆海统筹，加快建设海洋强国。"[②]认识海洋、开发海洋需要包括海洋机器人在内的各种高新技术和装备，海洋机器人一直为世界各海洋强国所关注。

关于机器人，蒋新松院士有一段精彩的诠释：机器人不是人，是机器，它能代替人完成很多需要人类完成的工作。机器人是拟人的机械电子装置，具有机器和拟人的双重属性。海洋机器人是机器人的分支，它还多了一重海洋属性，是人类进入海洋空间的替身。

海洋机器人可定义为在水面和水下移动，具有视觉等感知系统，通过遥控或自主操作方式，使用机械手或其他工具，代替或辅助人去完成某些水面和水下作业的装置。海洋机器人分为水面和水下两大类，在机器人学领域属于服务机器人中的特种机器人类别。根据作业载体上有无操作人员可分为载人和无人两大类，其中无人类又包含遥控、自主和混合三种作业模式，对应的水下机器人分别称为无人遥控水下机器人、无人自主水下机器人和无人混合水下机器人。

无人水下机器人也称无人潜水器，相应有无人遥控潜水器、无人自主潜水器

---

① 胡锦涛在中国共产党第十八次全国代表大会上的报告. 人民网，http://cpc.people.com.cn/n/2012/1118/c64094-19612151.html

② 习近平在中国共产党第十九次全国代表大会上的报告. 人民网，http://cpc.people.com.cn/n1/2017/1028/c64094-29613660.html

和无人混合潜水器。通常在不产生混淆的情况下省略"无人"二字,如无人遥控潜水器可以称为遥控水下机器人或遥控潜水器等。

世界海洋机器人发展的历史大约有 70 年,经历了从载人到无人,从直接操作、遥控、自主到混合的主要阶段。加拿大国际潜艇工程公司创始人麦克法兰,将水下机器人的发展历史总结为四次革命:第一次革命出现在 20 世纪 60 年代,以潜水员潜水和载人潜水器的应用为主要标志;第二次革命出现在 70 年代,以遥控水下机器人迅速发展成为一个产业为标志;第三次革命发生在 90 年代,以自主水下机器人走向成熟为标志;第四次革命发生在 21 世纪,进入了各种类型水下机器人混合的发展阶段。

我国海洋机器人发展的历程也大致如此,但是我国的科研人员走过上述历程只用了一半多一点的时间。20 世纪 70 年代,中国船舶重工集团公司第七〇一研究所研制了用于打捞水下沉物的"鱼鹰"号载人潜水器,这是我国载人潜水器的开端。1986 年,中国科学院沈阳自动化研究所和上海交通大学合作,研制成功我国第一台遥控水下机器人"海人一号"。90 年代我国开始研制自主水下机器人,"探索者"、CR-01、CR-02、"智水"系列等先后完成研制任务。目前,上海交通大学研制的"海马"号遥控水下机器人工作水深已经达到 4500 米,中国科学院沈阳自动化研究所联合中国科学院海洋研究所共同研制的深海科考型ROV 系统最大下潜深度达到 5611 米。近年来,我国海洋机器人更是经历了跨越式的发展。其中,"海翼"号深海滑翔机完成深海观测;有标志意义的"蛟龙"号载人潜水器将进入业务化运行;"海斗"号混合型水下机器人已经多次成功到达万米水深;"十三五"国家重点研发计划中全海深载人潜水器及全海深无人潜水器已陆续立项研制。海洋机器人的蓬勃发展正推动中国海洋研究进入"万米时代"。

水下机器人的作业模式各有长短。遥控模式需要操作者与水下载体之间存在脐带电缆,电缆可以源源不断地提供能源动力,但也限制了遥控水下机器人的活动范围;由计算机操作的自主水下机器人代替人工操作的遥控水下机器人虽然解决了作业范围受限的缺陷,但是计算机的自主感知和决策能力还无法与人相比。在这种情形下,综合了遥控和自主两种作业模式的混合型水下机器人应运而生。另外,水面机器人的引入还促成了水面与水下混合作业的新模式,水面机器人成为沟通水下机器人与空中、地面机器人的通信中继,操作者可以在更远的地方对水下机器人实施监控。

与水下机器人和潜水器对应的英文分别为 underwater robot 和 underwater vehicle,前者强调仿人行为,后者意在水下运载或潜水,分别视为"人"和"器",海洋机器人是在海洋环境中运载功能与仿人功能的结合体。应用需求的多样性使得运载与仿人功能的体现程度不尽相同,由此产生了各种功能型的海洋机器人,如观察型、作业型、巡航型和海底型等。如今，在海洋机器人领域 robot 和 vehicle 两词的内涵逐渐趋同。

信息技术、人工智能技术特别是其分支机器智能技术的快速发展，正在推动海洋机器人以新技术革命的形式进入"智能海洋机器人"时代。严格地说，前述自主水下机器人的"自主"行为已具备某种智能的基本内涵。但是，其"自主"行为泛化能力非常低，属弱智能；新一代人工智能相关技术，如互联网、物联网、云计算、大数据、深度学习、迁移学习、边缘计算、自主计算和水下传感网等技术将大幅度提升海洋机器人的智能化水平。而且，新理念、新材料、新部件、新动力源、新工艺、新型仪器仪表和传感器还会使智能海洋机器人以各种形态呈现，如海陆空一体化、全海深、超长航程、超高速度、核动力、跨介质、集群作业等。

海洋机器人的理念正在使大型有人平台向大型无人平台转化，推动少人化和无人化的浪潮滚滚向前，无人商船、无人游艇、无人渔船、无人潜艇、无人战舰以及与此关联的无人码头、无人港口、无人商船队的出现已不是遥远的神话，有些已经成为现实。无人化的势头将冲破现有行业、领域和部门的界限，其影响深远。需要说明的是，这里"无人"的含义是人干预的程度、时机和方式与有人模式不同。无人系统绝非是无人监管、独立自由运行的系统，仍是有人监管或操控的系统。

研发海洋机器人装备属于工程科学范畴。由于技术体系的复杂性、海洋环境的不确定性和用户需求的多样性，目前海洋机器人装备尚未被打造成大规模的产业和产业链，也还没有形成规范的通用设计程序。科研人员在海洋机器人相关研究开发中主要采用先验模型法和试错法，通过多次试验和改进才能达到预期设计目标。因此，研究经验就显得尤为重要。总结经验、利于来者是本丛书作者的共同愿望，他们都是在海洋机器人领域拥有长时间研究工作经历的专家，他们奉献的知识和经验成为本丛书的一个特色。

海洋机器人涉及的学科领域很宽，内容十分丰富，我国学者和工程师已经撰写了大量的著作，但是仍不能覆盖全部领域。"海洋机器人科学与技术丛书"集合了我国海洋机器人领域的有关研究团队，阐述我国在海洋机器人基础理论、工程技术和应用技术方面取得的最新研究成果，是对现有著作的系统补充。

"海洋机器人科学与技术丛书"内容主要涵盖基础理论研究、工程设计、产品开发和应用等，囊括多种类型的海洋机器人，如水面、水下、浮游以及用于深水、极地等特殊环境的各类机器人，涉及机械、液压、控制、导航、电气、动力、能源、流体动力学、声学工程、材料和部件等多学科，对于正在发展的新技术以及有关海洋机器人的伦理道德社会属性等内容也有专门阐述。

海洋是生命的摇篮、资源的宝库、风雨的温床、贸易的通道以及国防的屏障，海洋机器人是摇篮中的新生命、资源开发者、新领域开拓者、奥秘探索者和国门守卫者。为它"著书立传"，让它为我们实现海洋强国梦的夙愿服务，意义重大。

本丛书全体作者奉献了他们的学识和经验，编委会成员为本丛书出版做了组织和审校工作，在此一并表示深深的谢意。

本丛书的作者承担着多项重大的科研任务和繁重的教学任务，精力和学识所限，书中难免会存在疏漏之处，敬请广大读者批评指正。

中国工程院院士 封锡盛

2018 年 6 月 28 日

丛书前言二

改革开放以来，我国海洋机器人事业发展迅速，在国家有关部门的支持下，一批标志性的平台诞生，取得了一系列具有世界级水平的科研成果，海洋机器人已经在海洋经济、海洋资源开发和利用、海洋科学研究和国家安全等方面发挥重要作用。众多科研机构和高等院校从不同层面及角度共同参与该领域，其研究成果推动了海洋机器人的健康、可持续发展。我们注意到一批相关企业正迅速成长，这意味着我国的海洋机器人产业正在形成，与此同时一批记载这些研究成果的中文著作诞生，呈现了一派繁荣景象。

在此背景下"海洋机器人科学与技术丛书"出版，共有数十分册，是目前本领域中规模最大的一套丛书。这套丛书是对现有海洋机器人著作的补充，基本覆盖海洋机器人科学、技术与应用工程的各个领域。

"海洋机器人科学与技术丛书"内容包括海洋机器人的科学原理、研究方法、系统技术、工程实践和应用技术，涵盖水面、水下、遥控、自主和混合等类型海洋机器人及由它们构成的复杂系统，反映了本领域的最新技术成果。中国科学院沈阳自动化研究所、哈尔滨工程大学、中国科学院声学研究所、中国科学院深海科学与工程研究所、浙江大学、华侨大学、东华理工大学等十余家科研机构和高等院校的教学与科研人员参加了丛书的撰写，他们理论水平高且科研经验丰富，还有一批有影响力的学者组成了编辑委员会负责书稿审校。相信丛书出版后将对本领域的教师、科研人员、工程师、管理人员、学生和爱好者有所裨益，为海洋机器人知识的传播和传承贡献一分力量。

本丛书得到 2018 年度国家出版基金的资助，丛书编辑委员会和全体作者对此表示衷心的感谢。

"海洋机器人科学与技术丛书"编辑委员会

2018 年 6 月 27 日

前　言

本书以舰船、水下航行器等水中目标的辐射噪声和水下航行器自噪声为研究对象，开展新型被动检测的理论及方法研究。利用现代信号处理技术，对舰船辐射噪声、水下航行器噪声及海洋环境噪声进行分析，提取多方位、多层次上的目标特征；研究被动检测中的非高斯、非平稳、非线性等过程的信号处理问题，确定适合水中目标微弱信号目标检测的第二代小波变换、经验模式分解、变分模式分解等新型信号处理及特征提取技术。根据提取到的有效特征，研究能量熵、近似熵等物理学参数模型，以及支持向量机、支持向量数据描述、集成学习及深度学习等人工智能决策模型，提出水中目标新型被动检测理论及方法。开展远程目标被动检测技术的实验研究，对目标检测模型进行评估，从而为开展水下机器人、水下航行器的远程被动智能探测系统研究提供理论与技术支持。

本书各章内容安排如下：第 1 章为绪论，主要论述水中目标被动检测的意义、国内外研究现状，介绍基于水声信号处理、特征提取和目标检测等被动检测技术。第 2 章为水声目标信号与噪声特性研究，主要介绍水声信号的非高斯和非线性等特性，并根据水声目标辐射噪声与水下航行器自噪声的时域特性、调制特性、谱特性等特点及其差异，研究水声目标辐射噪声和水下航行器自噪声中的固有特征，并构建了水声目标的辐射噪声模型和水下航行器模型。第 3 章为新型水声信号处理算法，主要研究基于高阶统计量、第二代小波变换、经验模式分解以及变分模态分解等方法，可解决水声信号中的非高斯、非平稳以及非线性问题。第 4 章为水中目标被动检测模型，主要介绍能量检测、过零率检测和线谱检测这三种常规的水中目标被动检测模型，利用仿真和实验研究对其检测性能进行验证，构建四种新型的水中目标被动检测模型，分别为集成被动检测模型、基于经验模式能量熵的被动检测模型、基于第二代小波包近似熵的被动检测模型和基于时频分析的被动检测模型，并结合仿真和实测数据对这四种模型进行有效性验证。第 5 章为水中目标智能被动检测理论，主要介绍一种组合支持向量数据描述的水声目标智能被动检测新方法，并构建相应的智能检测模型；为了对水声目标辐射噪声的起伏以及信噪比从小到大的渐变过程做出准确的检测，提出一种新的基于模糊支持向量数据描述的水声目标智能被动检测模型。第 6 章为水中目标混合智能识别研究，主要介绍一种组合 SVMs 的水声目标智能识别模型，并利用集成学习理论中的 AdaBoost 算法和 Bagging 算法分别将多个 SVMs 进行集成，构建两种新型的水中目标混合智能识别模型；通过研究基于二维时频谱图和卷积神经网络构建深度学习模型，探究深度学习方法在舰船噪声识别中的可行性。

本书是作者在多年研究舰船、水下航行器等水中目标水声信号被动检测理论与方法的基础上整理而成的。在长期的研究工作中，得到中国船舶集团有限公司第七〇五研究所、西安交通大学机械工程学院、陕西省智能机器人重点实验室等单位专家和学者的大力支持。

在撰写本书过程中，作者所在教研室的刘钰和郑惠文等研究生在书稿整理、图表绘制、程序编制、数据收集等方面给予了很大帮助，在此表示感谢。

由于作者的水平有限，书中难免存在不足之处，真诚希望广大读者批评指正。

目　　录

1

绪　论

1.1　水中目标被动检测的意义

海洋是未来高科技战争的主要战场之一，未来海军装备也必将走向信息化。随着电子对抗技术的日益发展，电子对抗与反对抗技术在战争中的充分使用显示了它们在海战中的重要性。水声对抗是指利用信号处理技术对水声信号进行处理，从而完成目标检测、参数估计和目标识别等军事任务。其中，目标检测是水声对抗的基础，只有准确地检测出敌方目标，才能完成诸多后续任务。

水中目标检测系统可分为主动检测系统和被动检测系统两大类：主动检测系统发射声波，把接收到的回波作为目标检测和识别的基础；被动检测系统不发射声波，将接收到的目标辐射噪声作为目标检测和识别的基础。

在海战中，水下航行器的主动检测系统能够检测静止不动、无噪声的安静型水中目标，如静止不动的水面舰和安静型的潜艇等。但是在主动检测系统中，发射信号在海底、海面及散射体的反射形成的回波易产生混响，严重影响检测系统的性能。同时，主动检测系统往往容易"主动"暴露自身的位置，隐蔽性差，从而使得水下航行器在发现目标之前已经暴露自己，在军事对抗中十分不利。被动检测系统利用舰船、鱼雷等水中目标发出的辐射噪声或水中目标安装的主动式声呐发射的信号来检测目标。对于被动检测系统，虽然无法探测完全静止或无噪声的目标，但是由于只是安静地监听水声信号和分析目标特性，在发现目标的同时不易被目标察觉，因此在安全性和隐蔽性上有着主动检测系统不可比拟的优越性。另外，采用被动检测系统可以在不暴露自己的情况下长时间接收信号，从而获得较大的时间增益，也为统计目标检测、智能目标检测和识别等新方法提供了可能。这使得许多先进的信号处理算法有了用武之地，因此被动检测技术的作用日益重要。

对于作为"海洋利剑"的鱼雷、无人潜航器（unmanned underwater vehicle，

UUV）等水下航行器而言，未来的深海进入、深海探测、深海开发等任务对它们在目标探测、目标识别和反对抗能力等方面提出了很高的要求。然而，海洋复杂的水声环境对目标检测系统构成了极大的挑战，尤其对水下航行器而言，在强噪声、小孔径条件下，从复杂的航行噪声和海洋环境噪声中检测出舰船、潜艇等水声目标辐射噪声并精确定位目标，一直是水中目标检测的难题。特别是随着水声对抗技术水平的不断提高，水声复杂环境中的混响背景增加了水声目标主动检测的难度，而且不易实现远程检测。同时，水中目标辐射噪声的产生和辐射机理十分复杂，成分多种多样，而且水声信道也十分复杂。在这种情况下，原本性能很好的检测系统效果也会不尽人意，甚至检测性能会严重下降。

因此，为了进一步提高复杂环境中的远程探测及目标识别能力，实现水下航行器在军民两用领域进行水下目标的精确探测与准确识别，如提高海洋探测与搜救的效率，推迟对水下航行器的报警、对抗及拦截时间等，必须开展水中目标新型被动检测理论及方法的研究。

1.2 国内外研究综述

随着新材料和新技术的大量应用，以及各国海军对舰艇减振降噪研究和综合治理工作的重视，现代舰艇的辐射噪声大大降低。美国潜艇降噪水平一直处于世界的领先地位，图 1-1 显示了美国潜艇降噪水平的发展历程[1]。

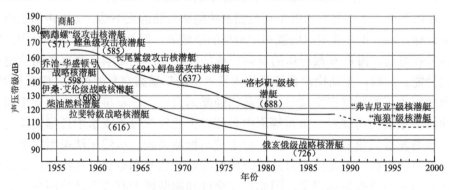

图 1-1　美国潜艇降噪水平的发展历程[1]

引自：汤姆·史蒂芬尼，国家反潜战与海军战略（纽约：列克星敦，1987）第 278 页

可以看出，美国潜艇的减振降噪技术的研究已取得重大突破，潜艇的噪声级已由 20 世纪 50 年代的 160～170dB 降到 90 年代末期的 110～120dB，相当于 2～3 级海况的自然噪声级。20 世纪 80 年代中期"洛杉矶"级核潜艇的噪声已降低到 118dB；1997 年编入现役的"海狼"级核潜艇的噪声级只有 100～110dB；而

美国海军浅水作战的主战潜艇"弗吉尼亚"级核潜艇的噪声还比"海狼"级核潜艇小很多。

俄罗斯的降噪研究虽然比美国起步晚,但安静性技术发展很快,降噪成果十分显著,其新型潜艇噪声水平与美国的差距正在缩小。尤其是加工出了低噪声螺旋桨,使得新型的 S 级、M 级和"鲨鱼"攻击型潜艇及 K 级常规潜艇的噪声均达到了 125～130dB。俄罗斯的"北德文斯克"级核潜艇等采用了大量新的隐身技术,其噪声级达到了 90dB 左右。此外,英国、法国、瑞典等国也都把噪声水平作为衡量潜艇性能的重要指标。美国和俄罗斯潜艇的"安静"化速度几乎保持每年降低 0.5～1dB,在没有考虑检测技术改进的情况下,被检测的距离每年缩小 0.5～2km[2,3]。

另外,海洋中的水声信道十分复杂,水声信号在水中传播时,由于传播衰减、畸变等海洋环境的干扰和接收机内部影响,接收到的信号往往比较微弱,且具有较大的起伏和失真,水中目标辐射噪声和背景噪声的统计特性也会发生变化,实际接收信号往往呈现出非高斯性、非平稳性和非线性(简称"三非")的特性[4]。上述诸多因素的影响,导致被动检测系统接收的水中目标辐射噪声信号的信噪比一般比较低,因此必须寻求低信噪比和"三非"情况下的水声信号处理和目标检测方法。

海洋复杂的水声环境对目标被动检测构成了极大的挑战,尤其对水下航行器而言,在强噪声、小孔径条件下,从复杂的自噪声(包括水下航行噪声和海洋环境噪声)中检测出远程舰艇的辐射噪声并精确定位目标,一直是水下目标检测的难题,也是国内外研究学者非常关注的热点问题[5]。

研究舰艇等水中目标的辐射噪声以及海洋环境噪声,总结其特点和规律,可为水下航行器的目标检测系统提供丰富的搜索和探测信息。通常,舰艇等水中目标的辐射噪声可分为三大类:机械噪声、螺旋桨噪声和水动力噪声,如图 1-2 所示[6-8]。

事实上,舰艇等水中目标的辐射噪声和海洋环境噪声几乎集各种噪声之大成,其明显的特点是声源繁多、集中,噪声强度大,频谱成分复杂。在目标被动检测中,海洋多途效应、环境噪声、水下航行噪声以及多目标信号混叠等,导致了声呐接收信号的复杂性,降低了信噪比。而且,通用的水声信号处理方法要求对环境噪声和目标信号的统计特性或先验知识有一定的了解,但在实际中难以实现。针对这些问题,国际 IEEE 信号处理协会水声信号处理技术分会于 1996 年,组织专家编写了《水声信号处理的过去、现在和未来》的报告[9]。该报告指出,被动声呐信号处理在水声信号处理技术的发展中占据主要位置,虽然还面临很多困难,但会成为今后水声信号处理的研究热点。

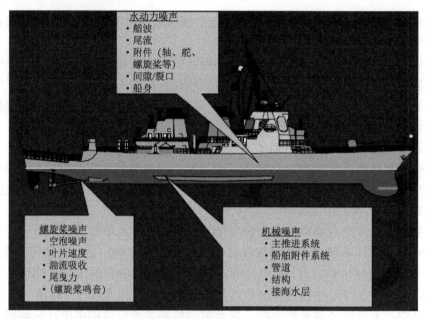

图 1-2　舰艇等水中目标的辐射噪声构成示意图

　　近几十年，水中目标检测和识别一直是国内外水声界的研究热点和难点。信号处理方法、特征提取技术以及目标检测理论等相关领域的发展大大推动了被动检测技术的发展，并已在水声目标检测系统中得到一定的应用[10]。

1.2.1　水声信号处理和特征提取

　　水声信号处理是未来水声对抗和反潜战装备发展中的关键技术，可以说，谁掌握先进的水声信号与信息处理技术，谁就能在水下攻防中占得先机。面对核潜艇的巨大威慑，水声工程技术和声呐系统仍取得了许多重大的技术突破。远程被动目标探测、识别和多目标跟踪是隐蔽方式下进一步实现战术行动的关键，也是水声信号处理中急需解决的难题[11]。

　　近年来的研究已经表明，水面舰船、潜艇等水中目标的噪声辐射过程是一种非高斯性、非平稳性、非线性（即"三非"）过程[12]。要全面描述舰艇等水中目标辐射噪声的"三非"过程特性，首先必须将现有的信号处理理论和方法最大程度应用于水声问题，国内外一些科研机构的研究学者在此方面做了不少工作。

　　从 20 世纪 80 年代末期开始，不少学者将频谱分析方法应用到了水声目标特征提取中，如应用声功率谱图[13]、维纳-威利分布（Wigner-Ville distribution，WVD）[14]、双谱及高阶谱分析[15]、小波或小波包变换[16-18]、经验模式分解[19,20]等提取水下目标辐射噪声的线谱和调制谱等特征。同时还有学者将小波变换、分形维分析和分形布朗运动分析等方法相结合，对舰艇等目标进行被动识别的特征提取，结果优于传统的单一信号处理方法[21]。本书结合水声信号处理方法，将水声目标特征提取归纳为以下五个方面。

1. 时域波形特征提取

舰艇等水声目标辐射噪声的时域波形结构中含有丰富的目标特征信息，从时域中可以直接提取反映波形结构的一些特征参数。例如，2005 年，Tucker 等[22]研究了水声时域信号的均值、方差、峰值指标、峭度和偏斜度指标等特征，同时结合 FFT 功率谱和 STFT 分析，构建了频域内的波形指标作为水声信号特征，将其应用于瞬态声呐信号分类中，取得了很好的效果。国内一些学者研究了直接提取目标信号的过零点分布、峰间幅值分布、波长差分布以及波列面积分布等波形结构特征[23-25]。

2. 功率谱、线谱及调制谱特征提取

功率谱估计是获取水声信号二阶统计特征的基本手段。从时域到频域的变换，可使时域上的复杂波形转换成频域上比较简单的单一频率分量分布，因此功率谱中的低频线谱特征和宽频带谱特征等都能成为水声目标检测和识别的有效特征。此外，螺旋桨噪声是水面舰船、潜艇等水声目标的主要噪声源，其空化噪声常常会产生幅值或频率的调制，通过解调处理的调制谱中存在着许多离散线谱成分，它们与螺旋桨的轴频、叶频及其谐波相对应，利用这些频率的调制特征可为目标被动检测提供有效的依据[26,27]。高阶谱具有对非高斯、非平稳信号进行有效处理的能力，且可以抑制高斯和非高斯的色噪声，因此也可以用来实现对舰船噪声等水声信号的特征提取[28,29]。在国外，早在 1985 年，Gray[30]将各种基于参数和非参数的谱估计方法应用到了被动声呐数据的特征提取中。1991 年，Baran 等[31]用功率谱分析提取了舰船辐射噪声的功率谱特征。1993 年，Meister[32]利用平均功率谱分析提取了水下目标辐射噪声的线谱及其谐波，并将其组成了 K 阶频差的直方图特征。1994 年，Rajagopal 等[33]提取了反映水声目标特征的螺旋桨叶频、转速、动力装置类型、活塞松动产生的谐音基频等 9 个参数。1998 年，Lourens 等[34]提出了用于提取舰船螺旋桨转速的被动最大似然估计方法。1999 年，Goo[35]将宽带解调谱用于解决被动声呐中的声散射问题，取得了较好的效果。2002 年，Rouseff 等[36]将 LOFAR 谱图分析应用到了被动声呐信号的波导变换特征提取中。Tesei 等[37]的研究表明，在非高斯环境噪声中进行舰船辐射噪声的特征提取时，基于高阶统计量分析具有比常规谱分析更好的性能。Lyons 等[38]的研究表明，高阶谱能够在多途环境中有效地提取到被动声呐的特征信息。在国内，陶笃纯[39-41]研究了舰船螺旋桨、轴频、轻重节奏及气缸对舰船辐射噪声产生调制影响的数学模型，分析了辐射噪声的调制包络谱密度和自相关函数，从而有效地提取了螺旋桨转速、叶片数、主机类型和吨位等特征。2002 年，曾庆军等[42]利用非线性多项式拟合提出了一种新的连续谱特征提取方法。2004 年，陈敬军等[43]也对线谱检测中的特征提取方法进行了总结。Guo 等[44]和沈广楠[45]将高阶谱及有关分析方法应用在水声信号特征提取方面的工作。2018 年，许劲峰等[46]结合经验模式分解和 1（1/2）维谱分析各自的优势，完成了舰船辐射噪声的调制谱提取。

3. 时频联合特征提取

对于平稳的水声信号分析而言，通常只需要知道信号中各频率分量的强度，而无需明确这些分量的产生时刻，因此通过研究该信号的功率谱就能得到有关信息。然而，在分析时变的非平稳水声信号，特别是在分析被动检测系统接收辐射噪声中的目标瞬态信息时，还需要进一步了解该信号在某一时刻附近的频域特征，此时传统的功率谱分析无法满足要求。这促使人们去寻找一种能将一维时域信号映射到二维时频平面来观察信号的时频联合特征提取方法。根据非平稳水声信号的时变特点，也可以采用小波分析进行水声信号的特征提取：利用大尺度小波分解频率分辨率高的特性，从频域中提取能量分布特征；利用小尺度小波分解时间分辨率高的特性，从时域中提取波长及幅值分布特征。理论和实践证明，用小波变换进行水声信号的特征提取是一种十分有潜力的方法，便于构成对水声目标的全面认识。经验模式分解能将复杂信号分解为若干个固有模态分量，所分解出来的各固有模态分量包含原信号的不同时间尺度的局部特征信号，因此也有利于解决时变的非平稳水声信号特征提取困难这一问题[47,48]。1994 年，Thomas 等[49]提出基于自适应时频扩展技术的被动声呐特征提取方法，研究表明，在处理微弱信号时，该方法具有比常规高分辨时频方法更好的特征提取性能。Levonen 等[50]于 2003 年也提出时频联合域的线谱分析是一种有效的被动声呐特征提取方法。2004 年，Loana 等[51]研究了将时频算子应用于海洋水声信号的特征提取中。2005 年，Roy 等[52]有效地提取了舰船辐射噪声的时频联合特征。Ghosh 等[53]在被动声呐检测与识别系统中的实验研究表明，基于小波系数的特征提取方法优于传统的自回归谱和功率谱分析方法。Ho 等[54]将离散小波系数特征有效地应用到了目标被动检测和参数估计中。在国内，1997 年，张冰等[55]研究了基于 STFT、Wigner-Ville 分布和连续小波变换的水声信号特征提取方法。李军和胡可心于 2001 年提出了利用 Wigner-Ville 分布的时频滤波分析提取有效的声呐特征，从而构成有效的时频空联合探测方法[56]。王晶等在对舰船辐射噪声利用小波或小波包变换进行目标特征提取方面做了许多研究工作[57-59]。胡桥等在利用经验模式分解提取舰船辐射噪声特征方面做了许多研究工作[60,61]。

4. 非线性动力学特征提取

利用经典的功率谱、线谱、调制谱特征提取水声信号的同时，进一步研究利用分形、极限环、混沌等新方法提取水声信号的特征[62-64]。2004 年，Viitanen[65]的研究表明，分形维数和分形布朗分析是有效的舰艇辐射噪声特征提取方法。在国内，Yu 等[66]将 Lyapunov 指数应用到了非线性被动声呐信号的噪声分离中。章新华等[67]通过对舰船辐射噪声混沌现象的研究，发现舰船噪声信号中存在混沌吸引子，这一发现更加促进了对舰船噪声混沌分形特征的研究。高翔等[68]通过研究舰船辐射噪声的分形布朗运动模型，提取了辐射噪声的分形维数和特征矢量。宋爱国等[69]应用非线性分析方法分析了舰船噪声的极限环现象，并从噪声极限环中有效地提取了舰船噪声的非线性特征。李楠[70]对非线性动力系统在微弱信号检测与识别中的应用也进行了详细的研究。

5. 听觉特征提取

从 2001 年开始，Tucker 等[71]对提取水中目标辐射噪声的听觉特征进行了大量的研究工作。汪洋等[72]基于人耳听觉机理，提取了水下目标的听觉谱特征、语音特征和心理学参数特征，取得了一系列的研究成果。李朝晖等[73]对听觉模型深入研究，结合水声信号的特点，论证了模型在水声中的适用性。

从水声信号处理和特征提取理论与技术的发展历程可以看出，水声信号与信息处理随科技的发展已达到了当代信息与电子技术的先进水平，一系列成熟的信号处理方法，如数字波束形成、拷贝相关、匹配滤波、自适应滤波等得到广泛的实际应用；一些新型的技术，如匹配场信号处理、小波时频分析、高阶统计量信号处理、人工神经网络、支持向量机、主分量分析、盲源分离、自适应阵列信号处理、经验模式分解和变分模式分解等先进的信号处理技术，也在水声信号处理领域中获得了普遍的重视与迅速的发展[74]。

1.2.2　水声目标被动检测技术及应用

水声目标被动检测是利用舰船、潜艇等水中目标的辐射噪声来进行检测的，目标检测器设计与辐射噪声特征提取一样，都是水声目标被动检测系统中的关键技术[75]。从统计学的观点，可以把从背景噪声中提取反映目标特征信息的过程看作一个统计的推断过程，即根据接收信号加噪声的混合波形，采用统计推断的方法对目标信号的存在与否做出判断。目前研究的水声目标被动检测技术主要有线谱检测技术、能量检测技术、过零率检测技术、高阶统计量检测技术、神经网络检测技术等。

1. 线谱检测技术

由于产生线谱的声源的功率和惯性都相当大,工作条件也比较稳定,因此线谱有较高的强度和稳定度。线谱检测的经典方法是直接将接收的信号经预处理后计算周期图,然后将输出结果与门限比较,判断是否存在线谱[76,77]。通过对线谱结构的细致分析,可以得到许多声源信息,对线谱进行高质量的谱估计可为目标检测提供重要依据。对被动声呐而言,提高线谱的检测能力和提取质量,对于提高目标检测、跟踪距离和分类识别的正确率都具有重要的意义,线谱检测技术一直是国内外研究的重点。在国外,1983 年,Maksym 等[78]利用贝叶斯概率理论提出了在 LOFAR 图中进行线谱检测和跟踪的序贯似然比跟踪器。1990 年,Wang[79]利用 Hough 变换来检测 LOFAR 图中的谱线。为了进一步提高算法性能,Brahoshky[80]于 1992 年通过将图论、Hough 变换和启发式搜索结合起来检测谱线。1994 年,Di Martino 等[81]研究了利用无监督神经网络来检测 LOFAR 图中谱线的技术。Cappel 等[82]于 1998 年提出了基于隐含马尔可夫模型的谱线跟踪器,在目标检测中取得了一定的应用效果。在国内,陶笃纯[83]和吴国清等[84]分别于 1984 年和 1998 年利用谱峰形状特点,各自提出了一套线谱识别逻辑。吕俊军等[85]对线谱检测和跟踪问题进行了深入的研究,提出了相应的多目标检测方法。

2. 能量检测技术

在水中目标被动检测系统中,常常采用能量检测器构建被动检测模型。能量检测器利用水声信号的短时能量的概率分布特性,应用 Neyman-Pearson 准则,在给定虚警概率的条件下,利用背景噪声的统计模型和估计参数计算检测门限,进行水中目标被动检测工作[86-91]。在国外,2012 年,Zampolli 等[92]提出了子带峰值能量检测算法,将宽带信号分解为若干子带,在子带内进行波束峰值能量检测。1996 年,Lorenzelli 等[93]利用峰值能量检测技术,在把频带分成若干子带后,将同一波束不同子带峰值累加,从而使得有宽带信号的方向得到增强,噪声由于其随机性而被减弱,该方法在信噪比较高时的检测效果很好。2001 年,Bertilone 等[94]利用被动带通广义能量检测混合模型对水下噪声进行检测,其虚警率降低到了 1%以下,与传统的能量检测方法相比,该方法将检测门限值减少了 8 dB。在国内,黄海宁[95]于 2002 年对能量检测技术的局限性进行了研究,认为能量检测器只是提取了接收信号的能量作为特征,对信息的利用不充分,因而在低信噪比下,能量检测器的检测性能大大下降。2004 年,Yan 等[96]提出了波束域宽带峰值能量检测法,利用宽带波束形成相对子波束形成在信号检测上的优势,在宽带波束之后进行峰值能量检测。2006 年,韩鹏等[97]提出了基于频带能量检测的舰船辐射噪声的"三亮点"模型,实验结果表明,该方法能有效地检测出所有"亮点"部位,算法简单可行。

3. 过零率检测技术

水声信号过零率检测是一种借助计算信号噪声波形过零率点数变换来检测微弱信号的方法。宽带噪声过零点统计属于一种准最佳检测[98]。研究表明，过零率检测方法的抗起伏干扰能力很强，在水声信号检测的观测时间较长的条件下使用，而且有效，接近最佳检测系统的性能。2007 年，Mill 等[99]研究了三种基于时域信号过零率的时间检测器，对微弱的水声信号进行了检测。在国内，周有等[23]利用过零率原理，对舰船噪声的通过特性进行了分析。

4. 高阶统计量检测技术

高阶统计量及其高阶谱不仅能揭示随机过程的幅度信息，而且能揭示其相位信息。此外，由于高斯过程的高阶累积量为零，因此其在高斯色噪声处理中具有先天的优势，基于高阶累积量的方法在处理受高斯噪声污染的过程时，能够极大地提高信噪比。高阶统计量的这些特性使得基于高阶统计量的检测技术在水中目标检测中具有很好的应用前景[100-103]。1990 年，Hinich[104]提出了 Hinich 双谱检测及其改进的双谱方法，理论和实际数据的检测结果表明，双谱方法的检测性能优于能量检测器。1999 年，Colonnese 等[105]对实际水声瞬态信号进行检测的结果表明，四阶累积量具有较好的检测性能。2002 年，Chandran 等[106]将基于高阶统计量的双谱和三谱检测技术应用到水声图像的检测中，得到了很高的检测和识别精度。在国内，胡友峰等利用基于高阶统计量的检测方法进行水下被动信号检测，取得了初步成效，但是检测过程中的计算量很大，难以在检测系统中进行实时处理[107,108]。

5. 神经网络检测技术

水声目标自动检测和识别技术是水声设备和水中武器系统实现智能化的关键。理论上，水声目标自动检测和识别是个十分复杂的模式识别问题，解决这一难题需要许多先进的信号处理和人工智能理论及技术[109,110]。国外对此领域的研究起步较早，如美国海军研究署、海军技术署、海军水面武器中心和海军水下武器中心等，在声呐目标自动检测和识别的理论和实验方面进行了长期不懈的努力。美国海军研究署从 20 世纪 50 年代末就开始资助智能信息处理与水声信号处理的理论研究，如在神经网络领域，Rosenblatt 的感知器模型、Widrow 的自适应线性元模型和 Rumelhart 的 BP 模型都是美国海军研究署资助的成果，在 1989~1993年，仅用于神经网络基础理论研究的费用就达两千万美元[111]。2001 年在美国华盛顿召开的 IEEE Conference on Neural Networks for Ocean Engineering 充分显示了海洋工程领域在神经网络方面所取得的进展，反映出神经网络在水声信号检测和识别中的应用已初见成效。1991 年，Van 等[112]提出将 Hopfield 网络用于噪声抑制，再与双向联想记忆网络组成递阶网络，从而能更好地提高被动声呐信号的信噪比，使得检测性能更优。Casselman 等[113]提出了一种低虚警率的多层感知机神经网络检测方法，并将该方法应用到了被动声呐检测中。Weber 等[114]于 1993 年研究了基于神经网络的被动声呐 LOFAR 图边界增强技术和对比度增强技术，从而大大提高图像的信噪比，并能以很高的精度检测到信噪比为 −17dB 的目标信号。2003 年，Howell 等[115]提出了基于混合神经网络的被动声呐检测识别系统。Postolache 等[116]于 2007 年在 LabVIEW 和 FPGA 平台上构建了智能被动声呐信号处理系统。国内对水下目标自动检测与识别的研究起步较晚，但发展迅速。Li 等[117]成功地将专家系统应用到水下目标检测识别中。吴国清[118]利用模糊神经网络对舰船进行了分类识别，效果明显。张艳宁[119]采用自适应小波神经网络分类器对三类舰船进行检测识别，得到很好的识别效果。此外，西北工业大学也对神经网络和模糊系统在水下目标检测与识别中的应用做了一定的研究[120-122]。

6. 其他检测技术

除了以上五种主要的水声目标检测技术外，研究学者还在上述技术与方法的基础上，提出了其他的目标检测技术。在 20 世纪 90 年代中期，美国远景研究规划局提交了一份题为"有关自动目标检测与识别的智能计算方法"的建议书（SB961—039），其目的是研究一些具有实用价值的智能计算技术，以改进基于模型法的航行器智能目标检测识别系统的性能[123]。1995 年，Chan 等[124]提出了匹配速度滤波模型，并将其应用到了低信噪比的宽带水声目标检测和识别中。Marco 等[125]于 1997 年提出了基于小波包检测器的瞬态水声信号检测方法。1999 年，Lee 等[126]研究了在浅海环境中的基于自适应匹配场算法的被动声呐检测模型。2006 年，Wang 等[127]研究了基于经验模式分解的非平稳水声信号检测模型。2002 年，梁峰[128]利用 Robust 检测技术对检测辐射噪声进行了检测。2003 年，白银生等[129]提出了基于 Neyman-Pearson 准则的多传感器数据融合检测方法。2004 年，吴俊军等[130]研究了基于高阶谱的 Power-Law 瞬态信号检测器，结果表明该方法具有较好的应用前景。胡作进等[131]于 2005 年提出了水声信号的混沌检测模型，通过分布式的通信检测体系，利用信息帧整体辨识技术，将混沌检测应用于水声信号检测中，提高了水声信号的检测能力。2006 年，李钢虎等[132]研究了利用 Wigner-Hough 变换对水下目标信号进行检测，研究表明该方法对实测的水声信号检测具有较好的效果。2013 年，为了解决瞬态信号检测的问题，杨德森等[133]提出了混沌背景中瞬态冲击信号的 RBF 神经网络检测法，从而建立了混沌背景噪声的一步预测模型，并通过预测误差的变化检测瞬态信号。

1.2.3　水中目标新型被动检测技术的提出

前面针对国内外研究现状，对水声信号处理和特征提取、水声目标检测技术及应用等做了概述。可以看出，大部分水中目标被动检测技术的研究是针对舰船、潜艇等水声目标的大型声呐系统进行的。对于水下航行器的特种小型声呐系统，由于基阵孔径和自噪声等因素的影响，被动检测技术和方法实施起来会遇到很多的困难。

国内的一些单位，如中国科学院声学研究所、西北工业大学、哈尔滨工程大学、海军工程大学、海军潜艇学院、东南大学、上海交通大学、西安交通大学及中国船舶集团有限公司第七〇五、七一五、七六〇研究所等对声呐目标检测也进行研究，并在"七五"到"十三五"期间取得了一定的成果。

从国内外研究概况的分析中可以看出，尽管在水声目标被动检测方面积累了一定的理论知识，但对于复杂的实际工程问题，如强噪声背景下微弱信号的远程被动检测，却没有一个统一的解决办法。这方面可查的文献极其有限，也可能是西方军事强国保密的结果。

与环境噪声相比，水声目标的信号微弱。但微弱不等于不存在，挑战与机遇并存，水声信号处理存在着巨大的发展潜力。如今看来，美国海军显然早已看到了发展机遇，1996 年的《水声信号处理的过去、现在和未来》研究报告指出，在21 世纪的最初十年中，水声信号处理可以改进 $10\sim15\ dB$[134]，目前也已经验证了预测是正确的。

从理论出发，对强噪声下微弱信号的被动目标检测来说，关于噪声和信号是高斯性、平稳性和线性的假设过于理想化，在其约束下难以取得突破性的进展。为了进一步推进水声信号处理的发展，有效地进行目标检测，一定要突破信号处理中的"三非"问题[135]。

随着现代信号处理理论的快速发展和人们对海洋信道及目标特性更深入的了解，目标特征提取算法也得到了较大发展和进步。新的现代信号处理方法，如高阶统计性理论、小波变换和时频分析方法以及这些方法的综合使用是研究"三非"过程的有力工具。例如，高阶统计量包含了二阶统计量没有的大量信息，能自动抑制平稳（高斯与非高斯）噪声的影响。由于高斯过程高于二阶累积量，近似为零，利用高阶累积量处理非高斯水声信号问题具有很大的潜力。基于提升策略的小波变换的算法简单，运算速度快，需要内存空间少，分析信号的长度可以是任意的，尤其可以任意构造小波基和多分辨分析的特性，更促进其在非平稳信号处理中的应用[136]。经验模式分解是一种新的时频分析方法，它以本征模式分量为基本概念，根据信号本身具有的特征时间尺度将信号分解为一系列本征模式分量的线性和，适合于分析非平稳、非线性信号[137,138]。变分模态分解是一种非递归式的时频分析方法。与传统递归式分解不同，变分模态分解通过迭代搜寻变分模型的最优解实现信号的自适应分解，因此与经验模式分解和集成经验模式分解等方法相比，变分模态分解在解决模态混叠问题上具有良好的性能，且对噪声也表现出较好的鲁棒性，有利于解决强背景噪声干扰下非平稳、非线性信号的分析问题[139]。这些新的现代信号处理方法克服了FFT、WVD 等传统方法处理"三非"问题时固有的不足，将水声信号分解到不同的分辨空间，从多个角度（时域、频域和时频域）观察和表示信号，从而对舰艇等目标的辐射噪声信号进行有效的分析，适用于微弱信号检测、目标参量估计和目标特征提取。从信号处理的角度上看，这些新方法能更好地表征目标特性所对应的参数和揭示复杂的水下目标特征，为水下航行器探测系统的研究开发提供理论与技术支持[5]。

在水中目标被动检测模型的构建中，对于能量检测等常规的被动检测方法来说，往往假定观测样本的概率特性已知或具有某种先验知识，而目标检测是在强干扰噪声背景下进行的，传统的时域检测性能很差。为了改善目标检测的性能，提高信号相对于噪声的信噪比具有重要意义。在强噪声的海洋环境中，当信号具有"三非"特性时，尤其是在信号未知的情况下，传统的检测方法变得更加不适用[140]。为了提高信噪比和适应水声信号的复杂情况，利用经验模式分解、第二代小波变换、变分模态分解、时频分析等热门的信号处理理论进行信号检测方面的研究，就显得格外重要。因此，对检测理论和模型进行进一步研究，发展新的检测理论，推出新的检测模型，提高检测器在复杂环境和低信噪比环境下的检测性能，不仅具有重要的理论意义，而且有很大的实际应用价值。根据优势互补的原则，可以同时将经验模式分解、第二代小波变换、变分模态分解、时频分析等现代信号处理理论解决"三非"问题和能量熵、近似熵等物理学参数模型，甚至是合适的人工智能模型等描述复杂模式变化的优势相结合，从而构建水中目标新型被动检测模型。

1.3　本书的研究意义和主要内容

1.3.1　本书的研究意义

海洋是未来人类资源的主要来源之一，对它的探测与开发尤为重要，目前已经从浅海延伸到深海。在对海洋进行基础研究、资源开发、工程建设和军事行动等的过程中，先进的海洋探测与识别技术是快速和准确获取海洋目标信息的关键。根据我国建设海洋强国的重大部署,推动海洋科技创新发展已经成为中国特色社会主义事业的重要组成部分。西方各军事强国大力进行隐形舰艇研究,通过铺设消声瓦以降低舰艇的主动目标强度,其舰艇或编队的预警及防御体系不断完善、水声对抗技术不断提高,这使得未来海战对水下航行器在目标探测、目标识别和反对抗能力等方面提出了更高的要求。然而,海洋复杂的水声环境对目标检测构成了极大的挑战,尤其对水下航行器而言,在强噪声、小孔径条件下,从复杂的航行噪声和海洋环境噪声中检测出舰艇辐射噪声并精确定位目标,一直是水下目标检测的难题。随着水声对抗技术不断提高,水声复杂环境中的混响背景增加了水声目标主动检测的难度,而且不易实现远程检测。在这种情况下,必须开展被动检测理论及方法研究,提高复杂环境中水下航行器的远程检测能力,以实现其隐蔽攻击性,从而夺取战场先机。

目标噪声的产生和辐射机理十分复杂,成分多样,既有宽带连续谱分量和较强的窄带线谱分量,又有明显的调制成分,同时由于水声信道的复杂多变以及水声信号传播的多途径效应,水声信号往往呈现出"三非"特性。此外,由于传统的信号处理方法是基于信号和噪声是线性平稳性的高斯随机过程这一假设的,随着舰艇等目标减振降噪性能的提高和噪声的降低,这些传统信号处理方法很难准确地提取水下目标辐射噪声的特征,因此必须将新型的被动检测理论及方法应用到实际中,以提高水下航行器目标检测系统对复杂环境的适应性能。

水下航行器目标检测的核心问题是如何有效地运用信号处理理论和方法进行舰艇目标的辐射噪声特征提取,并对这些特征利用合适的模型进行判别决策。因此,有效的特征提取方法是整个检测系统成功的关键。随着现代信号处理理论的快速发展和人们对海洋信道及目标特性更深入的了解,目标特征提取算法得到了较大发展和进步。近年来的研究已经表明,舰艇等水中目标的辐射噪声是一种非高斯性、非平稳性、非线性的"三非"过程。从信号处理的角度出发,可以利用新的现代信号处理方法全面描述这一过程的特性。

本书以舰船、水下航行器等水中目标的辐射噪声和航行器自噪声为研究对象,开展新型被动检测的理论与方法研究。利用现代信号处理技术对舰艇辐射噪声、水下航行噪声及海洋环境噪声进行分析,提取多方位、多层次上的目标特征。研究被动检测中的"三非"过程的信号处理问题,确定适合水下航行器微弱信号目标检测的新信号处理技术。根据提取到的有效特征,研究能量熵、近似熵等物理学参数模型和人工智能决策模型,提出新型的目标被动检测理论与方法。开展远程目标被动检测技术的实验研究,对目标检测模型进行评估,从而为开展水下航行器的远程被动探测系统研究提供理论与技术支持。

1.3.2　本书研究的主要内容

本书的研究内容主要包含以下几个方面。

（1）水声目标信号与噪声特性研究。以典型舰艇等水中目标的辐射噪声、航行器自噪声（水下航行噪声及海洋环境噪声）为研究对象，分析它们的时域特性、调制特性及频域宽带特性和线谱特性，根据时域特性、调制特性、谱特性等特点及其差异，分析舰艇辐射噪声中的固有特征，从而为水下航行器水声目标检测提供依据。

（2）新型水声信号处理算法研究。根据典型舰艇辐射噪声中的固有特征，研究适合于水声信号"三非"问题的现代信号处理新算法。例如，利用基于高阶统计性理论的高阶统计量来解决非高斯问题，利用基于提升策略的小波变换来处理非平稳问题，利用经验模式分解与变分模态分解等时频分析方法研究非线性、非平稳问题，甚至可以将多种信号处理方法综合使用，以解决更为复杂的水声问题。研究这些方法在强噪声背景下微弱水声信号的滤波和降噪性能，并与传统方法进行比较。

（3）目标检测模型的构建。利用新型水声信号处理算法提取目标辐射噪声的时域、频域、时频域等特征，借鉴线谱检测和能量检测的思想，综合时域、频域、时频域中的众多特征，利用特征选择方法或人工智能方法确定合适的综合指标，将其作为检测门限，建立新的目标检测模型。

（4）应用研究、原理验证和性能评估。根据确定的目标检测技术方案，以水下航行器为载体进行实验研究，对这些目标检测模型进行评估和改进，验证其实用性和稳健性。

1.4　本书章节安排

本书以水下航行器的被动检测为目的，研究水中目标新型被动检测理论及方法，具体各章内容安排如下。

第 1 章，绪论。论述水中目标被动检测的意义，综述水中目标被动检测的国内外研究现状及其发展方向。同时，讨论基于水声信号处理、特征提取和目标检测的被动检测技术。

第 2 章，水声目标信号与噪声特性。介绍水声信号的非高斯性和非线性等统计特性的判定方法，构建舰船、水下航行器的辐射噪声和水下航行器的自噪声模型，分析实测的舰船辐射噪声、水下航行器的辐射噪声及其自噪声的时域特性、调制特性及频域宽带特性与线谱特性。根据时域特性、调制特性、谱特性等特点及其差异，研究这些辐射噪声和自噪声中的固有特征。

第 3 章，新型水声信号处理算法。研究利用基于高阶统计量理论的高阶谱来解决水声信号中的非高斯问题，提出利用第二代小波变换来处理水声信号中的非平稳问题，利用经验模式分解方法来解决水声信号中的非线性、非平稳问题，并研究了两种相应的改进算法。为了提取瞬态和微弱的辐射噪声特征，提出两种集成信号处理方法：集成多个经验模式分解的特征提取方法和集成第二代小波与经验模式分解的特征提取方法。提出利用变分模态分解方法来解决水声信号中的非线性、非平稳问题，并研究变分模态分解算法参数的制订策略。分别用仿真信号和实测的舰船、水下航行器等水声目标辐射噪声信号对这些新型的水声信号处理方法进行验证。

第 4 章，水中目标被动检测模型。介绍能量检测、过零率检测和线谱检测这三种常规的水中目标被动检测模型，并对其检测性能进行仿真和实验研究。构建四种新型的水中目标被动检测模型，分别为集成被动检测模型、基于经验模式能量熵的被动检测模型、基于第二代小波包近似熵的被动检测模型和基于时频分析的被动检测模型，结合仿真和实测数据对这四种模型进行有效性验证。将已构建的被动检测模型应用于工程系统中，结合实测数据进行对比研究。

第 5 章，水中目标智能被动检测理论。综合分频段滤波、Hilbert 包络解调和改进的经验模式分解等现代信号处理方法，基于距离评估技术的特征选择方法，支持向量数据描述的单值检测器和"投票策略"，提出一种组合支持向量数据描述的水声目标智能被动检测新方法，并构建相应的智能检测模型。同时，为了对水声目标辐射噪声的起伏、信噪比从小到大的渐变过程做出准确地检测，提出一种新的基于模糊支持向量数据描述的水声目标智能被动检测模型。以实测的某水下航行器辐射噪声数据为基础，对提出的两种新型智能被动检测模型进行目标检测的仿真研究。

第 6 章，水中目标混合智能识别研究。基于幅值谱分析、滤波、Hilbert 包络解调和改进的 EMD 等现代信号处理方法、特征距离评估技术的特征选择方法和支持向量机（SVMs）分类器，结合遗传算法融合策略，提出一种组合 SVMs 的水声目标智能识别模型。同时，提出利用集成学习理论中的 AdaBoost 算法和 Bagging 算法分别将多个 SVMs 进行集成，构建两种新型的水中目标混合智能识别模型：基于 AdaBoost 算法的集成 SVMs 的智能识别模型和基于 Bagging 算法的可选择集成 SVMs 的智能识别模型。结合实测的水中目标辐射噪声数据对这三种混合智能识别模型的有效性进行研究，同时研究基于二维时频谱图和卷积神经网络构建深度学习模型，验证深度学习方法在舰船噪声分类中的可行性。

全书的内容安排如图 1-3 所示。需要说明的是，第 4 章和第 5 章都是解决水中目标被动检测问题，故归为一类。

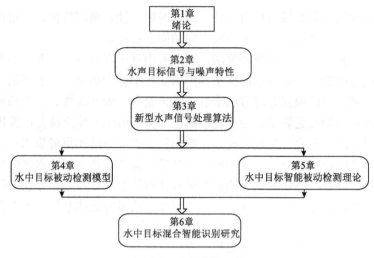

图 1-3　全书内容安排

参 考 文 献

[1] Stephanie T. Strategie Anti-Submarine Warfare and Naval Strategy [M]. New York: Lexington, 1987.

[2] 杜召平, 陈刚, 王达. 国外声呐技术发展综述[J]. 舰船科学技术, 2019, 41(1): 145-151.

[3] 郝保安, 孙起, 等. 水下制导武器[M]. 北京: 国防工业出版社, 2014.

[4] Siderius M, Porter M, Hursky P, et al. Effects of ocean thermocline variability on noncoherent underwater acoustic communications [J]. Journal of the Acoustical Society of America, 2007, 121(4): 1895-1908.

[5] 李启虎. 水声信号处理领域新进展[J]. 应用声学, 2012, 31(1): 2-9.

[6] Urick R J. Principles of Underwater Sound [M]. New York: McGraw-Hill Book Co., 1983.

[7] Ross D. Mechanics of Underwater Noise [M]. Oxford: Pergamon Press Inc., 1976.

[8] 胡桥, 郝保安, 吕林夏, 等. 基于集成 EMD 和 DEMON 谱的辐射噪声特征提取研究[J]. 振动与冲击, 2008, 27(S): 49-51.

[9] Tsuhan C. The past, present and future of underwater acoustic signal processing [J]. IEEE Signal Processing Magazine, 1996, 4(15): 67-94.

[10] 张晓勇, 罗来源. 被动声呐信号检测技术发展[J]. 声学技术, 2014, 33(6): 559-563.

[11] 胡桥, 郝保安, 吕林夏, 等. 一种新的水声目标辐射噪声特征提取模型[J]. 鱼雷技术, 2008, 16(6): 38-43.

[12] Mckenna M F, Ross D, Wiggins S M, et al. Underwater radiated noise from modern commercial ships[J]. The Journal of the Acoustical Society of America, 2012, 131(1): 92.

[13] Li H, Cheng Y, Wang Y. Underwater targets detection using interference spectrum[C]. 2011 International Conference on Electronics, Communications and Control (ICECC), Ningbo, China, 2011: 577-580.

[14] Widjiati E, Djatmiko E B, Wardhana W, et al. Analysis of propeller cavitation-induced signal using neural network and Wigner-Ville distribution[C]. 2012 Oceans-Yeosu, Yeosu, Korea, 2012: 1-9.

[15] 路晓磊, 张洪欣, 马龙, 等. 1(1/2)维谱在舰船辐射噪声线谱提取中的应用[J]. 舰船科学技术, 2015, 37(8): 161-164, 197.

[16] Learned R E, Wilsky A S. A wavelet packet approach to transient signal classification[J]. Applied and Computational Harmonic Analysis, 1995, 2: 265-278.

[17] 章新华, 王骥程, 林良骥. 基于小波变换的舰船辐射噪声特征提取[J]. 声学学报, 1997, (2): 139-144.

[18] 胡桥, 郝保安, 吕林夏, 等. 组合 SGWT 和 EMD 的水声目标辐射噪声特征提取方法[J]. 仪器仪表学报, 2008, 29(2): 454-459.

[19] 杨宏. 经验模态分解及其在水声信号处理中的应用[D]. 西安: 西北工业大学, 2015.

[20] 许劲峰, 郑威. 基于EMD-1(1/2)维谱的舰船辐射噪声调制特征提取[J]. 舰船电子工程, 2018, 38(10): 197-203.

[21] Das A, Kumar A, Bahl R . Marine vessel classification based on passive sonar data: The cepstrum-based approach[J]. IET Radar, Sonar & Navigation, 2013, 7(1): 87-93.

[22] Tucker S, Brown G J. Classification of transient sonar sounds using perceptually motivated features [J]. IEEE Journal of Ocean Engineering, 2005, 30(3): 588-600.

[23] 周有, 韩鹏, 相敬林. 舰船噪声通过特性过零数特征的分析与应用[J]. 探测与控制学报, 2007, 29(1): 64-67.

[24] 林正青, 牟林, 彭圆, 等. 时频分布重排方法在水下目标回声识别中的应用[J]. 应用声学, 2014, 33(1): 87-94.

[25] 孟庆昕, 杨士莪, 于盛齐. 基于波形结构特征和支持向量机的水面目标识别[J]. 电子与信息学报, 2015, 37(9): 2117-2123.

[26] 谢骏, 笪良龙, 唐帅. 舰船螺旋桨空化噪声建模与仿真研究[J]. 兵工学报, 2013, 34(3): 294-300.

[27] Traverso F, Vernazza G, Trucco A. Simulation of non-White and non-Gaussian underwater ambient noise[C]. OCEANS, IEEE, Yeosu, Korea, 2012: 1-10.

[28] 周清平. 舰船噪声包络的高阶统计量特征研究[D]. 西安: 西北工业大学, 2004.

[29] 陈凤林, 林正青, 彭圆, 等. 舰船辐射噪声的高阶统计量特征提取及特征压缩[J]. 应用声学, 2010, 29(6): 466-470.

[30] Gray D A. Applications of parametric and non-parametric spectral estimation techniques to passive sonar data [J]. Journal of Electrical and Electronics Engineering, 1985, 5(2): 112-119.

[31] Baran R H, Coughlin J P. A neural network for passive acoustic discrimination between surface and submarine targets [C]. 1991 Proceedings of Workshop on Neural Networks, Los Angeles, USA, 1991: 323-332.

[32] Meister J. A neural network harmonic family classifier [J]. Journal of Acoustical Society of America, 1993, 93: 1485-1495.

[33] Rajagopal R, Kumar K A, Ramakrishna R P. An integrated passive target classification [C]. 1994 IEEE International Conference on Acoustics, Speech and Signal Processing, Adelaide, Australia, 1994, 2: 313-316.

[34] Lourens J G, Du Preez J A. Passive sonar ML estimator for ship propeller speed [J]. IEEE Journal of Oceanic Engineering, 1998, 23(4) : 448-453.

[35] Goo G. Broadband sensor system and technique for detection and classification of targets and subsurface targets [C]. 2002 Proceedings of SPIE-The International Society for Optical Engineering, Newport Beach, USA, 1999, 3752: 232-242.

[36] Rouseff D, Leigh C V. Using the waveguide invariant to analyze Lofargrams [C]. Ocean's 2002 Conference and Exhibition, Biloxi, USA, 2002, 4: 2239-2243.

[37] Tesei A, Regazzoni C S, Tacconi G. Comparison between different HOS-based tests for detection of ship-radiated signals in non-Gaussian noise [C]. Proceedings of the 1994 IEEE Oceans Conference, Brest, France, 1994, 1: 756-761.

[38] Lyons A R, Newton T J, Goddard N J, et al. Can passive sonar signals be classified on the basis of their higher order statistics[C]. IEEE Colloquium (Digest), London, UK, 1995, (111): 6/1-6/6.

[39] 陶笃纯. 舰船噪声节奏的研究(Ⅰ)——数学模型及功率谱密度[J]. 声学学报, 1983, 2: 65-76.

[40] 陶笃纯. 舰船噪声节奏的研究(Ⅱ)——自相关函数及节奏信息的提取[J]. 声学学报, 1983, 5: 280-289.

[41] 陶笃纯. 舰船噪声节奏的研究(Ⅱ)——自相关函数及节奏信息的提取[J]. 声学学报, 1984, 9(6): 337-344.

[42] 曾庆军, 王菲, 黄国建. 基于连续谱特征提取的被动声呐目标识别技术[J]. 船舶工程, 2002, 36(3): 382-386.

[43] 陈敬军, 陆佶人. 被动声呐线谱检测技术综述[J]. 声学技术, 2004, 23(1): 57-60.

[44] Guo Y C, Rao W, Han Y G. Extraction of higher-order coupling feature using three and one half dimension spectrum[J]. Applied Mathematics and Computation, 2007, 185(2) : 798-809.

[45] 沈广楠. 舰船目标识别技术研究[D]. 哈尔滨: 哈尔滨工程大学, 2012.

[46] 许劲峰, 郑威. 基于EMD-1(1/2)维谱的舰船辐射噪声调制特征提取[J]. 舰船电子工程, 2018, 38(10): 197-203.

[47] Khan M M, Ashique R H, Liya B N, et al. New wavelet thresholding algorithm in dropping ambient noise from underwater acoustic signals[J]. Journal of Electromagnetic Analysis & Applications, 2015, 7(3): 53-60.

[48] 王勇. 小波变换下舰船辐射噪声特征提取[J]. 舰船科学技术, 2016, 38(22): 10-12

[49] Thomas G, Cabrera S D. Underwater acoustic signal analysis based on adaptive data extrapolations in time-frequency representations [C]. Proceedings of the 1994 IEEE Oceans Conference, Brest, France, 1994, 1:

856-861.

[50] Levonen M, Persson L. Conditioning of sonar data [C]. Proceedings of the 2003 IEEE Oceans Conference, San Diego, USA, 2003, 4: 1900-1904.

[51] Loana C, Quinquis A. On the use of time-frequency warping operators for analysis of marine-mammal signals [C]. 2004 IEEE International Conference on Acoustics, Speech and Signal Processing, Montreal, Canada, 2004, 2: 605-608.

[52] Roy T, Kumar A, Bahl R. Estimation of a coupling feature for target classification using passive sonar [C]. Proceedings of the 2005 IEEE Oceans, Washington, USA, 2005: 749-753.

[53] Ghosh J, Deuser L, Beck S D. A neural network based hybrid system for detection, characterization, and classification of short-duration oceanic signals [J]. IEEE Journal of Ocean Engineering, 1992, 17(4): 351-363.

[54] Ho K C, Chan Y T, Johnson M O. Estimation of delay and doppler by wavelet transform [C]. 1996 IEEE International Conference on Acoustics, Speech and Signal Processing, Atlanta, USA, 1996, 6: 3145-3147.

[55] 张冰, 张静远, 蒋兴舟. 时频分析方法及其在自导信号检测中的应用[J]. 海军工程学院学报, 1997, 81(4): 72-77.

[56] 李军, 胡可心. 一种时频空联合探测方法[J]. 声学学报, 2001, 26(6): 557-561.

[57] 王晶, 袁连喜, 孙绍武. 小波变换用于舰船辐射噪声调制信息检测[J]. 哈尔滨工程大学学报, 2004, 25(1): 53-57.

[58] 刘健, 刘忠. 基于小波变换和支持向量机的水下目标分类方法[J]. 火力与指挥控制, 2011, 36(9): 88-92.

[59] 吴光成. 小波变换下舰船噪声信号特征提取方法研究[J]. 舰船科学技术, 2018, 40(20): 22-24.

[60] Hu Q, Liu Y, Zhao Z Y, et al. Intelligent detection for artificial lateral line of Bio-inspired Robotic fish using EMD and SVMs [C]. 2018 IEEE International Conference on Robotics and Biomimetics, Kuala Lumpur, Malaysia, 2018: 106-111.

[61] 胡桥, 郝保安, 吕林夏, 等. 经验模式能量熵在水声目标检测中的应用[J]. 声学技术, 2007, 26(5): 181-183.

[62] 陈捷. 基于分形与混沌理论的水下目标特征提取研究[D]. 西安: 西北工业大学, 2000.

[63] 李珍, 廉新宇. 混沌理论在船舶辐射噪声特征提取中的应用[J]. 舰船科学技术, 2017, 39(20): 28-30.

[64] 孟庆昕. 海上目标被动识别方法研究[D]. 哈尔滨: 哈尔滨工程大学, 2016.

[65] Viitanen S M. Passive acoustic recognition of ships and underwater targets using fractal based methods [C]. 2004 Proceedings of the Eighth IASTED International Conference On Artificial Intelligence and Soft Computing, Innsbruck, Austria, 2004: 22-27.

[66] Yu X, Zhu S J, Liu S Y. A new method for line spectra reduction similar to generalized synchronization of chaos [J]. Journal of Sound and Vibration, 2007, 306(3-5) : 8835-8848.

[67] 章新华, 张晓明. 舰船辐射噪声的混沌现象研究[J]. 声学学报, 1998, 23(2): 134-140.

[68] 高翔, 陆佶人. 舰船辐射噪声的分形布朗运动模型[J]. 声学学报, 1999, 24(1): 19-28.

[69] 宋爱国, 陆佶人. 基于极限环的舰船噪声信号非线性特征分析及提取[J]. 声学学报, 1999, 24(4): 407-415.

[70] 李楠. 水下弱目标信号的 Duffing 振子检测方法研究[D]. 哈尔滨: 哈尔滨工程大学, 2017.

[71] Tucker S, Brown G J. Auditory analysis of sonar signals[C]. Society of Audiology Short Papers Meeting on Experimental Studies of Hearing and Deafness, Oxford, UK, 2001.

[72] 汪洋, 孙进才, 陈克安, 等. 基于心理声学参数的水下目标识别特征提取方法[J]. 数据采集与处理, 2006, 21(3): 313-317.

[73] 李朝晖, 迟惠生. 听觉外周计算模型研究进展[J]. 声学学报, 2006, 5: 449-465.

[74] 李启虎. 进入 21 世纪的声呐技术[J]. 信号处理, 2012, 28(1): 1-11.

[75] 胡桥, 郝保安, 吕林夏, 等. 一种新的水声目标智能检测模型[J]. 系统仿真学报, 2009, 21(8): 2369-2372.

[76] Antoni J, Hanson D. Detection of surface ships from interception of cyclostationary signature with the cyclic modulation coherence[J]. IEEE Journal of Oceanic Engineering, 2012, 37(3): 478-493.

[77] 单广超, 赵汉波. 舰船辐射噪声线谱检测与分析[J]. 舰船电子工程, 2014, 34(10): 119-122.

[78] Maksym J N, Bonner A J, Dent C A, et al. Machine analysis of acoustical signals [J]. Pattern Recognition, 1983, 16(6) : 615-625.

[79] Wang C S. Moving object detection by track analysis [R]. Monterey: Navel Postgraduate School, 1990.

[80] Brahoshky V A. A combinatorial approach to automated LOFAR gram analysis [D]. Monterey: Navel Postgraduate School, 1992.

[81] Di Martino J C, Colnet B, Di Martino M. The use of non supervised neural networks to detect lines in lofargram [C]. 1994 IEEE International Conference on Acoustics, Speech and Signal Processing, Adelaide, Australia, 1994, 2: 293-296.

[82] Cappel D V, Alinat P. Frequency line extractor using multiple hidden Markov models [J]. IEEE Transactions on Acoustics, Speech and Signal Processing, 1998, 28: 1481-1485.

[83] 陶笃纯. 噪声和振动谱中线谱的提取和连续谱平滑[J]. 声学学报, 1984, 9(6) : 337-344.

[84] 吴国清, 李靖, 陈耀明, 等. 舰船噪声识别(I)总体框架、线谱分析和提取[J]. 声学学报, 1998, 23(5) : 394-400.

[85] 吕俊军, 那键, 倪昌祥. 非平稳信号的动态检测和跟踪[C]. 2000 年杭州声呐技术研讨会, 杭州, 中国, 2000.

[86] Mill R W, Brown G J. Auditory-inspired interval statistic receivers for passive sonar signal detection [C]. Oceans 2007-Europe, Aberdeen, UK, 2007: 4302196.

[87] 胡桥, 郝保安, 吕林夏, 等. 一种新的水声目标 EMD 能量熵检测方法[J]. 鱼雷技术, 2007, (6): 9-12.

[88] Li Y, Chen Z. Entropy based underwater acoustic signal detection[C]. International Bhurban Conference on Applied Sciences and Technology. IEEE, Islamabad, Pakistan, 2017: 656-660.

[89] 姚晓莹. 水下目标信号的能量熵检测和倒谱特征分析技术[D]. 哈尔滨: 哈尔滨工程大学, 2014.

[90] 李余兴, 李亚安, 陈晓, 等. 基于 VMD 和 SVM 的舰船辐射噪声特征提取及分类识别[J]. 国防科技大学学报, 2019, 41(1): 89-94.

[91] 陈哲, 李亚安. 基于多尺度排列熵的舰船辐射噪声复杂度特征提取研究[J]. 振动与冲击, 2019, 38(12): 225-230.

[92] Zampolli M, Fillinger L, Hunter A J, et al. Detection of broadband sound sources using a randomly spaced linear array[J]. The Journal of the Acoustical Society of America, 2012, 131(4): 3484.

[93] Lorenzelli F, Wang A, Yao K. Broadband array processing using subband techniques[C].1996 IEEE International Conference on Acoustics, Speech, and Signal Processing Conference Proceedings, Atlanta, USA, 1996: 2876-2879.

[94] Bertilone D C, Killeen D S. Statistics of biological noise and performance of generalized energy detectors for passive detection [J]. IEEE Journal of Oceanic Engineering, 2001, 26(2) : 285-294.

[95] 黄海宁. 微弱被动声呐信号检测方法研究[D]. 北京: 中国科学院声学研究所, 2002.

[96] Yan S F, Ma Y L. High-resolution broadband beamforming and detection methods with real data [J]. Acoustic Science and Technology, 2004, 25(1): 73-76.

[97] 韩鹏, 张效民, 相敬林. 频带能量检测在舰船声源部位探测中的应用研究[J]. 西北工业大学学报, 2006, 24(3): 397-400.

[98] 郭伟. 水下监测系统中目标探测若干关键技术研究[D]. 长沙: 国防科技大学, 2011.

[99] Mill R W, Brown G J. Auditory-inspired interval statistic receivers for passive sonar signal detection [C]. Oceans 2007-Europe, Aberdeen, UK, 2007: 1-6.

[100] Li X, Yu M, Liu Y, et al. Feature extraction of underwater signals based on bispectrum estimation[C]. 2011 7th International Conference on Wireless Communications, Networking and Mobile Computing, Wuhan, China, 2011: 1-4.

[101] Yang P, Yuan B, Zhou S. A line spectrum estimation method of underwater target radiated noise base on the 1(1/2)D spectrum[C]. 2010 International Conference on Innovative Computing and Communication and 2010 Asia-Pacific Conference on Information Technology and Ocean Engineering, Macao, China, 2010: 297-299.

[102] 陈雪侬. 基于高阶谱的舰船噪声特征提取与实验[J]. 舰船科学技术, 2011, 33(3): 109-111.

[103] 吴泳澎. 一种基于高阶谱的平稳随机信号的高斯性检验算法[J]. 数据采集与处理, 2009, 24(5): 563-566.

[104] Hinich M J. Detecting a transient signal by bispectral analysis [J]. IEEE Transactions on Acoustics, Speech and Signal Processing, 1990, 38(7): 1277-1283.

[105] Colonnese S, Scarano G. Transient signal detection using higher order moments [J]. IEEE Transactions on Signal Processing, 1999, 47(2): 515-520.

[106] Chandran V, Elgar S, Nguyen A. Detection of mines in acoustic images using higher order spectral features [J]. IEEE Journal of Oceanic Engineering, 2002, 27(3): 610-618.

[107] 胡友峰, 焦秉立. 高阶谱双通道的水声信号检测方法研究[J]. 声学技术, 2005, 24(2): 65-69.

[108] 周越，杨杰，胡英. 基于高阶累积量的水声噪声检测与识别[J]. 兵工学报, 2002, 23(1): 72-78.
[109] Postolache O, Girao P, Pereira M. Underwater acoustic source localization based on passive sonar and intelligent processing [C]. IMTC 2007-Conference Proceedings-Synergy of Science and Technology in Instrumentation and Measurement, Warsaw, Poland, 2007: 4258480.
[110] 赵安邦，沈广楠，陈阳，等. HHT 与神经网络在舰船目标特征提取中的应用[J]. 声学技术, 2012, 31(3): 272-276.
[111] Miller W. Office of naval research contributions to neural networks and signal processing in oceanic engineering[J]. IEEE Journal of Oceanic Engineering, 1992, 17(3): 299-307.
[112] Van H P, Deegan K, Khorasani K. Passive sonar processing using neural networks [C]. 1991 International Joint Conference on Neural Networks, Singapore, 1991: 1154-1159.
[113] Casselman F L, Freeman D F, Kerrigan D A. A neural network-based passive sonar detection and classification design with a low false alarm rate [C]. 1991 Proceedings of the IEEE Conference on Neural Networks for Ocean Engineering, Washington DC, USA, 1991: 49-55.
[114] Weber D M, Kruger C C. Detection of tonals in LOFAR grams using connectionist methods [C]. 1993 International Joint Conference on Neural Networks, San Francisco, USA, 1993: 1662-1666.
[115] Howell B, Wood S, Koksal S. Passive sonar recognition and analysis using hybrid neural networks [C]. Oceans Conference Record (IEEE), San Diego, USA, 2003, 4: 1917-1924.
[116] Postolache O, Girao P, Pereira M. Underwater acoustic source localization based on passive sonar and intelligent processing [C]. IMTC 2007-Conference Proceedings-Synergy of Science and Technology in Instrumentation and Measurement, Warsaw, Poland, 2007: 1-4.
[117] Li Q H, Zhang C, Cai T. An expert system for underwater target noise recognition [C]. Proceedings the 3rd European Conference on Underwater Acoustics, 1996: 501-506.
[118] 吴国清. 船辐射噪声高阶谱分析和标记图[J]. 声学学报, 1996, 21(1): 29-39.
[119] 张艳宁. 自适应子波、高斯神经网络及其在水下目标被动识别中的应用[D]. 西安：西北工业大学, 1996.
[120] 景志宏，赵俊渭，荆东，等. 一种水下目标分类的新方法[J]. 西北工业大学学报, 2000, 18(3): 392-395.
[121] 袁骏，张明敏，孙进才. 基于 PCA 和 BP 神经网络的水下目标识别方法研究[J]. 海军工程大学学报, 2005, 17(1): 104-104.
[122] 张亚军. 基于神经网络数据融合的水下目标检测识别研究[D]. 西安：西北工业大学, 2006.
[123] 黄蜀玲 .AUV 的水下目标检测与跟踪方法研究[D]. 哈尔滨：哈尔滨工程大学, 2014.
[124] Chan Y T, Niezgoda G H, Morton S P. Passive sonar detection and localization by matched velocity filtering [J]. IEEE Journal of Oceanic Engineering, 1995, 20(3): 179-189.
[125] Marco S D, Weiss J. Improved transient signal detection using a wavepacket-based detector with an extended translation-invariant wavelet transform [J]. IEEE Transactions on Signal Processing, 1997, 45(4): 841-850.
[126] Lee N, Zurk L M, Ward J. Evaluation of reduced-rank, adaptive matched field processing algorithms for passive sonar detection in a shallow-water environment [C]. Conference Record of the Asilomar Conference on Signals, Systems and Computers, Pacific Grove, USA, 1999, 2: 876-880.
[127] Wang F T, Lee J C, Chang S H. Nonstationary signals detection by using the empirical mode decomposition in the empirical noise model [C]. In Proceedings of OCEANS 2006 ASIA OES/IEEE Conference and Exhibition, Singapore, 2006.
[128] 梁峰. Robust 检测技术及其在水声信号处理中的应用研究[D]. 西安：西北工业大学, 2002.
[129] 白银生，赵俊渭，相明，等. 基于 N-P 准则的声呐宽带信号检测数据融合研究[J]. 探测与控制学报, 2003, 25(3): 5-9.
[130] 吕俊军，吴国清，杜波. 非高斯水声瞬态信号 Power-Law 检测[J]. 声学学报, 2004, 29(4): 359-362.
[131] 胡作进，王昌明，朱蕴濮，等. 水声信号的混沌检测[C]//2005 年中国控制与决策学术年会论文集. 哈尔滨：东北大学出版社, 2005: 184-186.
[132] 李钢虎，李亚安，王军，等. Wigner-Hough 变换在水下目标信号检测中的应用[J]. 兵工学报, 2006, (1): 121-125.
[133] 杨德森，肖笛，张揽月. 水下混沌背景中的瞬态声信号检测法研究[J]. 振动与冲击, 2013, 32(10): 26-30.

[134] Coletta P E, Bauers J. United States Navy and Marine Corps Bases, Overseas[M]. New York: Greenwood Publishing Group, 1985.

[135] 陈刚, 陈卫东, 郝力勤. 深水探测器声引信半实物仿真技术研究[J]. 系统仿真学报, 2006, (S2): 679-682.

[136] Hu Q, He Z J, Zhang Z S, et al. Fault diagnosis of rotating machinery based on improved wavelet package transform and SVMs ensemble[J]. Mechanical Systems and Signal Processing, 2007, 21(2): 688-705.

[137] Murugan S S, Natarajan V, Maheswaran K. Analysis of EMD algorithm for identification and extraction of an acoustic signal in underwater channel against wind driven ambient noise[J]. China Ocean Engineering, 2014, 28(5): 645-657.

[138] Hu Q, He Z J, Zhang Z S, et al. Intelligent fault diagnosis in power plant using empirical mode decomposition, fuzzy feature extraction and support vector machines [J]. Key Engineering Materials, 2005, (293-294): 373-382.

[139] Li Y, Li Y, Chen X, et al. Research on ship-radiated noise denoising using secondary variational mode decomposition and correlation coefficient[J]. Sensors, 2017, 18(2): 48.

[140] 孙焱. 被动目标分频段调制特征提取方法研究[D]. 哈尔滨: 哈尔滨工程大学, 2007.

2

水声目标信号与噪声特性

2.1 引言

在复杂的海洋环境中，舰船、潜艇和鱼雷辐射的噪声是水下航行器的被动声呐系统探测、跟踪、定位目标的重要依据[1]。在被动声呐方程中，用声源级参数来度量这种辐射噪声。研究舰船、潜艇和鱼雷等水声目标的辐射噪声，总结其特点和规律，具有重大的意义，这可从辐射噪声对水声目标的危害中看出。首先，辐射噪声破坏了舰船的隐蔽性，为对方的水声探测设备提供了搜索、探测和跟踪的信息。噪声的这种危害对潜艇几乎是致命的。其次，舰船辐射噪声有可能引爆某些安装有声引信的水下兵器，如水雷和鱼雷等，对自身的安全形成巨大威胁。再次，舰船辐射噪声影响了本舰的水声观通设备的正常工作，降低了自身设备的性能，声制导鱼雷则根据这种辐射噪声进行跟踪和实施攻击。可见，舰船、潜艇和鱼雷等水声目标的辐射噪声已成为威胁其自身安全和影响其战斗力的一个重要因素。从另一个角度来看，正是由于各种水声目标辐射噪声的存在，水下航行器的被动目标检测才成为可能。

事实上，舰船、潜艇和鱼雷等水声目标的辐射噪声几乎是集各种噪声之大成，其明显的特点是声源繁多、集中，噪声强度大，频谱成分复杂。一方面，随着船舶技术的发展，舰船的排水量和动力系统功率越来越大，航速也日益提高，如果没有良好的减振降噪处理，辐射噪声必将进一步增大；另一方面，由于电子技术的迅速发展，声引信兵器得到了更广泛的应用。因此，人们对于各种水声目标的辐射噪声特性的研究也越来越重视。例如，舰船辐射噪声谱中包含了有关舰船的丰富信息，不同舰船由于船体结构、船型、螺旋桨大小、叶片数、动力装置等内在结构的差异，辐射的噪声也不同，因此，通过对舰船辐射噪声谱的特征分析，可以得到表征舰船特征的参数，从而为被动目标检测和识别提供重要的信息，具有重大的意义。在水下航行器的被动检测系统中，通过对各种水声目标辐射噪声特性的深入分析，同时结合相应的信号处理方法和目标检测模型，可以检测出目标存在与否，并能进一步识别出该目标的类型。

水声目标被动检测的核心思想就是利用水声目标辐射噪声中包含着目标的丰富信息。由于辐射噪声内在的结构差异，目标存在与否在噪声中都会有所反映，为了将目标信号与噪声背景进行有效分离，可以将辐射噪声通过一定的信号处理手段变换到某个合适的特征空间，再通过适当的检测模型对这些特征进行判别处理，即可将目标存在与否有效地检测出来。无论采用什么样的分析方法，对水声目标辐射噪声特性的深入了解都有助于目标检测和识别工作的顺利进行。

水下航行器系统进行目标检测时，要对舰船等目标特性进行分析，首先必须排除水下航行器自噪声的干扰，因此自噪声特性分析在现代自导系统的设计中体现出重要价值。声呐自噪声是指航行器自己产生的背景噪声，自噪声对声呐的工作有严重的影响。对于水下航行器，自噪声的来源主要是航行器运动时所产生的机械噪声、螺旋桨噪声和水流产生的水动力噪声。一般说来，航行器航速越快，自噪声越大[2,3]。

总之，对水声目标信号及噪声特性进行研究具有特殊的重要性，水声目标被动检测就是利用其特性，从自噪声或环境噪声背景上把它区分出来。

2.2 水声信号的统计特性分析

常规水声信号处理和特性分析都是假设信号和噪声是线性平稳的高斯随机过程，这在一定条件下的应用是成功的。但是，面对当前强噪声下检测极微弱水声信号的问题，这些假设显得太理想化，在其约束下难以取得突破性的进展。特别是近年来的研究已经表明，水声目标的辐射噪声在传播时常常表现为一种非高斯性、非平稳性、非线性的"三非"过程。在进行目标检测和识别之前，为了选择合适的信号处理方法，从辐射噪声中提取到有效的检测和识别特征，需要对水声信号表现出的非高斯性、非平稳性、非线性的"三非"特性进行定性或定量的了解，从而达到对症下药的目的[4]。

舰船、潜艇和鱼雷等水声目标的辐射噪声在传播的过程中，受到复杂海洋环境中各种随机因素的影响，使得水听器接收到的辐射噪声也是一个随机信号，其统计特性必定也是随时间变化的，因此可认为是一个非平稳过程。

对于目标辐射噪声的非高斯性和非线性，可以用 Hinich 检验方法来进行验证[5,6]。首先介绍双相干系数和三相干系数。相干系数是功率谱对高阶谱的规范化，双相干系数 K_{2x} 和三相干系数 K_{3x} 分别如式（2-1）和式（2-2）所示：

$$K_{2x}(\omega_1, \omega_2) = \frac{B_x(\omega_1, \omega_2)}{\sqrt{P_x(\omega_1)P_x(\omega_2)P_x(\omega_1+\omega_2)}} \tag{2-1}$$

$$K_{3x}(\omega_1, \omega_2, \omega_3) = \frac{T_x(\omega_1, \omega_2, \omega_3)}{\sqrt{P_x(\omega_1)P_x(\omega_2)P_x(\omega_3)P_x(\omega_1+\omega_2+\omega_3)}} \tag{2-2}$$

式中，$P_x(\omega)$、$B_x(\omega_1, \omega_2)$、$T_x(\omega_1, \omega_2, \omega_3)$ 分别为二阶谱、三阶谱和四阶谱。

Hinich 检验是由 Hinich 提出的基于相干系数的检测方法，可以用来判断一个实际信号是否为非高斯性或非线性信号[7]，判据如下。

（1）高斯过程的高阶累积量恒为 0，因此双相干系数和三相干系数恒等于 0。

（2）非高斯过程：①对于对称分布的非高斯过程，双相干系数恒等于 0，三相干系数不恒等于 0；②对于非对称分布的非高斯过程，双相干系数不恒等于 0。

（3）线性过程的双相干系数和三相干系数恒等于常数。

Hinich 检验只是理论上的分析结果，但由于实际噪声序列的高阶累积量并不恰好为 0，需要从统计意义上判断相关系数的估计值是否显著性不等于 0，为此在实验中引入假设检验的方法。

H_0：假设噪声序列为高斯性的，即高阶累积量为 0；

H_1：H_0 的相反假设，即噪声序列是非高斯性的。

以虚警概率 P_f 表示接受 H_1 假设所承担的风险概率：当 $P_f > 0.05$ 时，接受 H_0 假设；当 P_f 趋于 0 时，接受 H_1 假设。

在此基础上进行非线性检验，以分位数估计值与理论值的偏差来判断噪声信号是否为非线性的：当偏差较大时，判断为非线性的；当偏差较小时，判断为线性的。下面分别用两个不同水声目标辐射噪声的统计特性分析例子来说明 Hinich 检验方法的应用。

对于实测的一个航次的水下航行器辐射噪声，它的非高斯性和非线性检验如图 2-1 所示。检验数据包含 20 个样本，每个数据样本的采样频率 $F_s = 48\,\text{kHz}$，采样时长为 5s。从图 2-1（a）可以看出，所有样本的虚警概率 P_f 均远大于 0.05，即接受 H_0 假设，表明水下航行器的辐射噪声数据呈现出高斯性。从图 2-1（b）可以看出，每类样本的分位数估计值与理论值具有相同的变化趋势，偏差较小，说明辐射噪声表现出线性的特征。

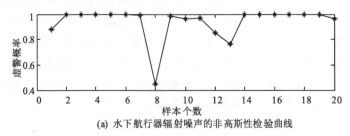

(a) 水下航行器辐射噪声的非高斯性检验曲线

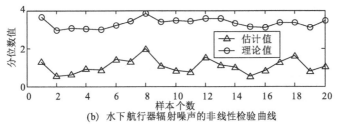

(b) 水下航行器辐射噪声的非线性检验曲线

图 2-1　水下航行器辐射噪声的非高斯性和非线性检验曲线

对于实测的舰船辐射噪声，它的非高斯性和非线性检验如图 2-2 所示。检验数据包含 120 个样本，每个数据样本的采样频率 $F_s = 48\,\text{kHz}$，采样时长为 10s。

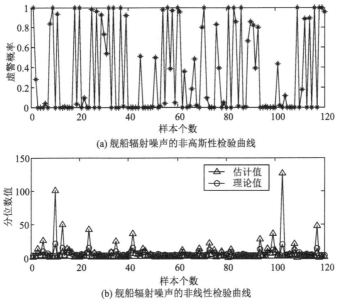

(a) 舰船辐射噪声的非高斯性检验曲线

(b) 舰船辐射噪声的非线性检验曲线

图 2-2　舰船辐射噪声的非高斯性和非线性检验曲线

从图 2-2（a）中可以看出，大部分样本的虚警概率 P_f 小于 0.05，即接受 H_1 假设，表明该舰船的辐射噪声数据呈现出非高斯性。从图 2-2（b）中可以看出，绝大部分样本的分位数估计值与理论值具有相同的变化趋势，个别样本的偏差较大，说明该舰船辐射噪声整体表现出线性的特征，但还有部分的非线性成分存在。

2.3　水声目标的辐射噪声特性分析

2.3.1　舰船辐射噪声的时域和频域统计特征

以实测的舰船辐射噪声数据为基础进行辐射噪声数据的仿真构造，进行舰船辐射噪声特性分析的数据由 4 类水面舰 A～D（分别对应不同吨位的水面舰）的主轴转频数据构成，如表 2-1 所示。

表 2-1 4 类水面舰的主轴转频数据

水面舰类型	主轴转频/Hz
A	1.3
B	1.4
C	1.667
D	0.933

对每类水面舰的辐射噪声进行数据采集，采样频率 $F_s = 48\,\text{kHz}$，采样时间 $t = 10\,\text{s}$，则每个样本的频率分辨率为 $\Delta f = 1/t = 0.1\,\text{Hz}$，4 类水面舰 A～D 的时域波形如图 2-3 所示。

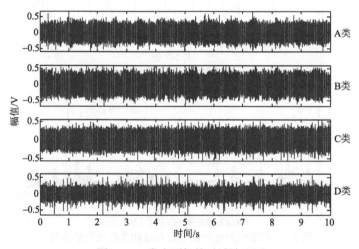

图 2-3 4 类水面舰的时域波形图

下面按照表 2-2 分别提取 4 类水面舰 A～D 的 11 个时域统计特征和 13 个频域统计特征[8-10]。在表 2-2 中，对于不同类型的舰船目标和背景噪声，其辐射噪声信号时间序列的幅值和分布各异，频域的谱结构也各不相同。因此，各类目标的时域和频域统计特征参数也存在固有的差异，这些为后续的被动检测工作提供了依据。从这些参数的表达式中可以看出，t_1 和 t_3~t_5 反映了水声信号时域上的波动幅值和能量；t_2 和 t_6~t_{11} 表示了时域波形的分布情况；f_1 反映了水声信号频域的平均能量；f_2~f_4、f_6 和 f_{10}~f_{13} 表示了频域谱功率的收敛情况；f_5 和 f_7~f_9 给出了主要频率的分布情况。

表 2-2　时域和频域的统计特征参数

时域特征参数 t_i（$i=1,2,\cdots,11$）	频域特征参数 f_i（$i=1,2,\cdots,13$）
$t_1 = \dfrac{\sum_{n=1}^{N} x(n)}{N}$	$f_1 = \dfrac{\sum_{k=1}^{K} s(k)}{K}$
$t_2 = \sqrt{\dfrac{\sum_{n=1}^{N}(x(n)-t_1)^2}{N-1}}$	$f_2 = \dfrac{\sum_{k=1}^{K}(s(k)-f_1)^2}{K-1}$
$t_3 = \left(\dfrac{\sum_{n=1}^{N}\sqrt{|x(n)|}}{N}\right)^2$	$f_3 = \dfrac{\sum_{k=1}^{K}(s(k)-f_1)^3}{K(\sqrt{f_2})^3}$
$t_4 = \sqrt{\dfrac{\sum_{n=1}^{N}(x(n))^2}{N}}$	$f_4 = \dfrac{\sum_{k=1}^{K}(s(k)-f_1)^4}{Kf_2^2}$
$t_5 = \max|x(n)|$	$f_5 = \dfrac{\sum_{k=1}^{K} p_k s(k)}{\sum_{k=1}^{K} s(k)}$
$t_6 = \dfrac{\sum_{n=1}^{N}(x(n)-t_1)^3}{(N-1)t_2^3}$	$f_6 = \sqrt{\dfrac{\sum_{k=1}^{K}(p_k-f_5)^2 s(k)}{K}}$
$t_7 = \dfrac{\sum_{n=1}^{N}(x(n)-t_1)^4}{(N-1)t_2^4}$	$f_7 = \sqrt{\dfrac{\sum_{k=1}^{K} p_k^2 s(k)}{\sum_{k=1}^{K} s(k)}}$
	$f_8 = \sqrt{\dfrac{\sum_{k=1}^{K} p_k^4 s(k)}{\sum_{k=1}^{K} p_k^2 s(k)}}$
$t_8 = \dfrac{t_5}{t_4}$	$f_9 = \dfrac{\sum_{k=1}^{K} p_k^2 s(k)}{\sqrt{\sum_{k=1}^{K} s(k)\sum_{k=1}^{K} p_k^4 s(k)}}$
$t_9 = \dfrac{t_5}{t_3}$	$f_{10} = \dfrac{f_6}{f_5}$
$t_{10} = \dfrac{t_4}{\frac{1}{N}\sum_{n=1}^{N}|x(n)|}$	$f_{11} = \dfrac{\sum_{k=1}^{K}(p_k-f_5)^3 s(k)}{Kf_6^3}$
$t_{11} = \dfrac{t_5}{\frac{1}{N}\sum_{n=1}^{N}|x(n)|}$	$f_{12} = \dfrac{\sum_{k=1}^{K}(p_k-f_5)^4 s(k)}{Kf_6^4}$
$x(n)$（$n=1,2,\cdots,N$）为时域信号，N 为信号样本长度	$f_{13} = \dfrac{\sum_{k=1}^{K}\sqrt{|p_k-f_5|}s(k)}{K\sqrt{f_6}}$
	$s(k)$（$k=1,2,\cdots,K$）为信号的谱值，K 为谱线数目；p_k 为第 k 条谱线的频率

为了分析不同水面舰具有的共同稳定特征，对于每类水面舰的各个特征，计

算每类特征的方差与均值的比值，进一步分析特征的聚类性，比值越小，说明该类特征聚集性越好，特征的分布也越稳定。4 类水面舰 A～D 的时域和频域统计特征如表 2-3 所示。

表 2-3 4 类水面舰 A～D 的时域和频域统计特征

统计特征类型		A 类水面舰	B 类水面舰	C 类水面舰	D 类水面舰	|标准差/均值|
时域统计特征	1	-6.2616×10^{-5}	-7.7919×10^{-5}	-1.8555×10^{-5}	2.9588×10^{-5}	1.494
	2	0.12582	0.15995	0.13957	0.094989	0.20967
	3	0.085043	0.10868	0.097119	0.062301	0.2246
	4	0.12582	0.15995	0.13957	0.094989	0.20967
	5	0.5887	0.60976	0.5309	0.59802	0.060225
	6	0.0041671	−0.0033638	−0.014257	−0.0056237	1.5903
	7	3.0281	2.8807	2.6023	3.9031	0.18092
	8	4.6787	3.8122	3.8038	6.2957	0.25237
	9	6.9223	5.6108	5.4665	9.599	0.27756
	10	1.2536	1.2488	1.2294	1.2806	0.016849
	11	5.8651	4.7605	4.6766	8.0626	0.26995
频域统计特征	1	0.00017925	0.00018647	0.00015083	0.00014504	0.12401
	2	9.9804×10^{-8}	1.7843×10^{-7}	1.3958×10^{-7}	5.4154×10^{-8}	0.45179
	3	3.7389	4.4161	6.3434	2.8882	0.33833
	4	30.972	30.116	65.459	18.149	0.56344
	5	4388.7	3505	3465.9	4730	0.15803
	6	58.423	55.865	51.348	53.693	0.055107
	7	6188.9	5387.2	5430.8	6500	0.094457
	8	15018	15487	15167	14938	0.015991
	9	0.4121	0.34785	0.35807	0.43513	0.10834
	10	0.013312	0.015939	0.014815	0.011352	0.1433
	11	161.16	196.4	199	166.7	0.10872
	12	44923	57465	62998	50487	0.14656
	13	0.0011632	0.0011445	0.0010238	0.0010068	0.074355

从表 2-3 中可以看出，对于不同的水面舰，稳定的目标统计特征有：第 5、10 个时域特征 t_5 和 t_{10}，第 6～8 和 13 个频域特征 $f_6 \sim f_8$ 和 f_{13}。这 6 个特征分别从 4 类舰船辐射噪声信号的时域波形结构、频域波形结构以及能量分布等多个方面，对它们的特征的稳定性进行了刻画。

2.3.2 舰船辐射噪声的频谱及其调制特性

分析上述 4 类水面舰的功率谱特征，同时对其幅值谱进行分析，利用 Hilbert

包络解调谱提取全频带内被调制的低频线谱成分。

对于 A～D 类水面舰，它们的幅值谱和 Hilbert 包络解调谱分别如图 2-4～图 2-7 所示。

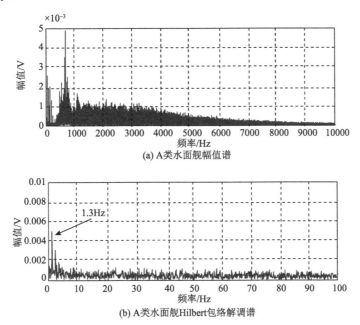

(a) A类水面舰幅值谱

(b) A类水面舰Hilbert包络解调谱

图 2-4　A 类水面舰的幅值谱和 Hilbert 包络解调谱

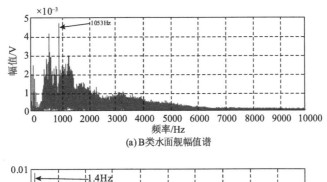

(a) B类水面舰幅值谱

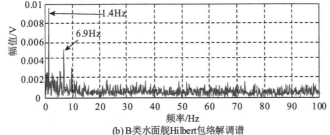

(b) B类水面舰Hilbert包络解调谱

图 2-5　B 类水面舰的幅值谱和 Hilbert 包络解调谱

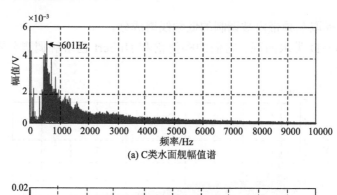

(a) C类水面舰幅值谱

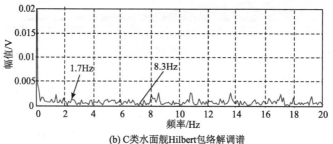

(b) C类水面舰Hilbert包络解调谱

图 2-6　C 类水面舰的幅值谱和 Hilbert 包络解调谱

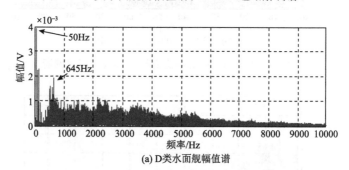

(a) D类水面舰幅值谱

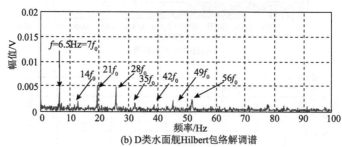

(b) D类水面舰Hilbert包络解调谱

图 2-7　D 类水面舰的幅值谱和 Hilbert 包络解调谱

从上面 4 类水面舰的幅值谱中可以看出，谱的重心分布各不相同，主要能量分布也各异。

从图 2-4 可以看出，A 类水面舰辐射噪声的 Hilbert 包络解调谱可以有效地将轴频率 1.3Hz 提取出来。

图 2-5 中的 Hilbert 包络解调谱可以将 B 类水面舰的轴频率 1.4Hz 及其约 5 倍频成分提取出来。

在图 2-6 中，可能由于噪声背景太强，利用传统的 Hilbert 包络解调谱无法显著地提取轴频率成分，故需要借用一些新型的现代信号处理方法进行处理，这些问题将在第 3 章中进行重点研究。

从图 2-7 可以看出，舰船轴频率的 7 倍频（6.5Hz）及其部分倍频成分都能有效地提取出来。

从上面的分析可以看出，利用幅值谱可以有效地分析辐射噪声的谱结构及其能量分布情况；利用 Hilbert 包络解调谱分析可以将舰船的轴频及其倍频成分提取出来。

2.3.3　水下航行器辐射噪声的时域和频域统计特征

以实测的水下航行器辐射噪声数据为基础进行辐射噪声数据的仿真构造，进行水下航行器辐射噪声特性分析的数据由两次实验中采集的辐射噪声数据构成。其中，将航次 1 的数据类型记为数据 A，将航次 2 的数据类型记为数据 B，如图 2-8 所示。采样频率 F_s =64kHz，采样时间 t=10s，则每个样本的频率分辨率为 Δf =1/t=0.1Hz。

为了满足某种被动检测中频带的要求，对水下航行器辐射噪声进行带通滤波分析，频带的划分采用巴特沃思（Butterworth）数字滤波器进行带通滤波来实现[11]。

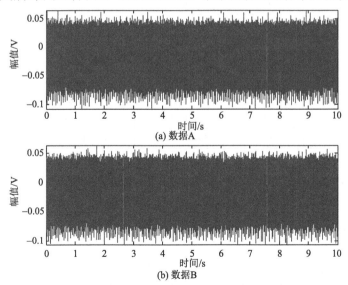

图 2-8　两个航次水下航行器辐射噪声数据的时域波形图

与舰船辐射噪声中的时域和频域统计分析一样，按照表 2-2 提取 A 类和 B 类辐射噪声的 11 个时域统计特征和 13 个频域统计特征，如表 2-4 所示。

表 2-4　水下航行器的数据 A 和数据 B 辐射噪声数据的时域和频域统计特征

统计特征类型		A 类辐射噪声	B 类辐射噪声	|标准差/均值|
时域统计特征	1	1.7742×10^{-9}	-1.8475×10^{-9}	69.875
	2	0.0024336	0.0023972	0.010656
	3	0.0016269	0.0016022	0.010818
	4	0.0024336	0.0023972	0.010656
	5	0.012241	0.01173	0.030147
	6	0.0069634	0.0033448	0.49645
	7	3.2227	3.219	0.0008123
	8	5.0299	4.8932	0.019482
	9	7.524	7.3212	0.01932
	10	1.2628	1.2632	0.00022395
	11	6.3518	6.1811	0.019262
频域统计特征	1	2.7364×10^{-6}	2.6893×10^{-6}	0.012277
	2	2.9527×10^{-11}	2.8683×10^{-11}	0.020505
	3	22.173	23.724	0.047791
	4	2651.8	3000.7	0.087292
	5	19904	19890	0.00049754
	6	4.7012	4.6621	0.0059056
	7	20105	20093	0.00042217
	8	20882	20869	0.00044034
	9	0.96282	0.96279	2.2033×10^{-5}
	10	0.0002362	0.00023439	0.0054394
	11	-4.4977	-9.3105	0.49292
	12	7.9346×10^{5}	8.2699×10^{5}	0.029263
	13	5.8877×10^{-5}	5.8051×10^{-5}	0.0099903

　　从表 2-4 可以看出，两类辐射噪声数据在时域和频域统计特征中，较稳定的特征有：第 7、10 个时域特征 t_7、t_{10}，第 5、7～9 个频域特征 f_5、$f_7 \sim f_9$。

2.3.4　水下航行器辐射噪声的频谱及其调制特性

　　以实测的水下航行器辐射噪声数据为基础进行辐射噪声数据的仿真构造，分析水下航行器辐射噪声数据的幅值谱，同时利用 Hilbert 包络解调谱提取相关频带内的低频线谱成分。

数据 A 和数据 B 的幅值谱和 Hilbert 包络解调谱分别如图 2-9 和图 2-10 所示。从数据 A 和数据 B 的幅值谱中都可以看出,存在 1383Hz 的 11～18 倍频成分,从它们的 Hilbert 包络解调谱中都可以将 1383Hz 的频率成分提取出来。特别值得说明的是,在图 2-10(b)中,通过计算 138.3Hz 与 104.8Hz 之差,可以推算出水下航行器的航速约为 25m/s,与实际情况相符。其中,水下航行器航速 v 的计算公式为

$$v = 0.514 \cdot k \cdot 60 \cdot |\Delta f| \tag{2-3}$$

式中,k 为常数,由水下航行器的固有物理特性决定;Δf 为 Hilbert 包络解调谱中两相邻线谱频率之差。因此,结合数据 B 的 Hilbert 包络解调谱及相关参数可以计算得到,水下航行器的航速 v=0.514×0.025×60×(138.3–104.8)≈25.8m/s。

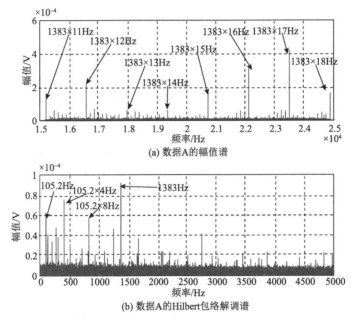

(a) 数据A的幅值谱

(b) 数据A的Hilbert包络解调谱

图 2-9　数据 A 的幅值谱和 Hilbert 包络解调谱

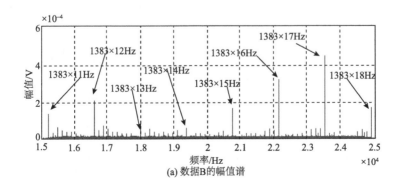

(a) 数据B的幅值谱

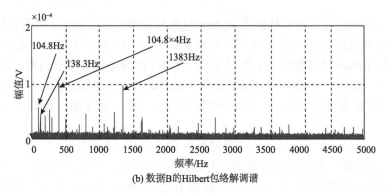

(b) 数据B的Hilbert包络解调谱

图 2-10   数据 B 的幅值谱和 Hilbert 包络解调谱

通过上面的分析可以看出，辐射噪声的幅值谱可以将 1383Hz 的 11～18 倍频的固有特征频率提取出来；通过 Hilbert 包络解调谱分析可以看出，除了可以将基频 138.3Hz 提取出来外，还可以将数据 A 的特征频率 105.2Hz 及其 4 倍和 8 倍频率提取出来，将数据 B 的特征频率 104.8Hz 及其 4 倍频提取出来；通过对差频进行的进一步分析可以看出，根据式（2-3）可以将水下航行器的航速计算出来。

2.4   水下航行器的自噪声特性分析

水下航行器进行目标检测时，要对舰船、潜艇等水声目标特性进行分析，必须排除水下航行器自噪声的干扰，因此自噪声特性分析在现代自导系统的设计中具有重要价值[12]。

2.4.1   自噪声的时域和频域统计特征

以实测的水下航行器自噪声数据为基础进行自噪声数据的仿真构造，对水下航行器自噪声特性进行分析。为了统计时域和频域统计特征在不同通道间的差异性，按照表 2-2 在实测某水下航行器自噪声的 24 个传感器通道内对每个通道间的数据进行横向比较，结果如表 2-5 所示。

表 2-5   某水下航行器自噪声的时域和频域统计特征分布情况

特征编号	|标准差/均值|	特征编号	|标准差/均值|	特征编号	|标准差/均值|	特征编号	|标准差/均值|
1	11.622	7	0.41581	13	0.57257	19	0.043948
2	0.30927	8	0.32254	14	1.399	20	0.02089
3	0.37533	9	0.36575	15	4.0968	21	0.17889
4	0.30798	10	0.060651	16	0.031362	22	0.1363

特征编号	|标准差/均值|	特征编号	|标准差/均值|	特征编号	|标准差/均值|	特征编号	|标准差/均值|
5	0.0036885	11	0.35794	17	0.2045	23	0.32222
6	5.1184	12	0.32531	18	0.033876	24	0.23921

从表 2-5 可以看出，在上述通道的时域和频域统计特征中，前 6 个稳定的特征为时域的第 5、10 个特征 t_5、t_{10}，频域的第 5～9 个特征 $f_5 \sim f_9$。它们在每个通道内的分布都较为稳定。

2.4.2　自噪声的频谱及其调制特性

对某水下航行器的自噪声数据进行相应的谱分析，图 2-11 为 24 个采集通道中某个通道的波形直方图及功率谱，图 2-12 为该通道自噪声数据的幅值谱及 Hilbert 包络解调谱。从图 2-11 的某水下航行器自噪声数据的波形直方图中可以看出，自噪声数据表现出强烈的非高斯性。在图 2-12 中，Hilbert 包络解调谱可以将自噪声的低频成分 34.2Hz 及其倍频成分 69Hz 提取出来，故可以按照式（2-3）推算出该航行器的航速与实际情况相符。

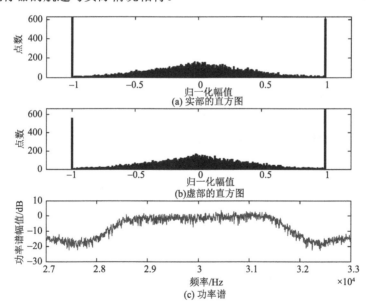

图 2-11　某水下航行器自噪声的波形直方图及功率谱

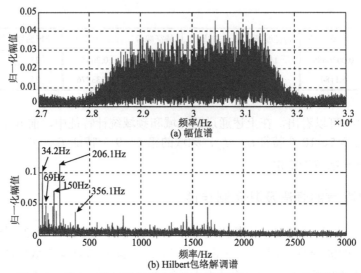

图 2-12　某水下航行器自噪声数据的幅值谱及 Hilbert 包络解调谱

2.5　水声目标的辐射噪声模型和水下航行器自噪声模型

2.5.1　舰船辐射噪声模型

通常舰船低频辐射噪声是由具有连续谱的宽带噪声和具有非连续线谱的单频噪声混合而成，并且可以表示为叠加有线谱的连续谱，如图 2-13 所示。宽带连续噪声谱分量主要由机械噪声和螺旋桨噪声构成。

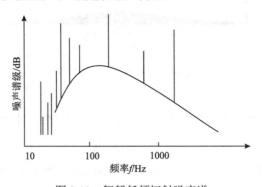

图 2-13　舰船低频辐射噪声谱

对于给定的航速和深度，功率谱存在一个临界频率，该频率位置在 100Hz 与 1kHz 之间。低于临界频率时，谱级随频率以小于 6dB/倍频程的斜率上升；高于临界频率时,谱级随频率以大约6dB/倍频程或20dB/10倍频程的斜率下降。图2-14为螺旋桨噪声谱与航速、深度和频率的关系示意图。

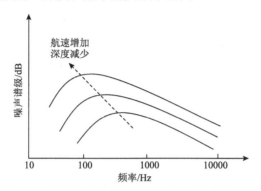

图 2-14　螺旋桨噪声谱与航速、深度和频率的关系

为方便建模,将舰船辐射噪声分为连续谱信号和线谱信号,S_0 代表具有图 2-13 所示连续谱特性的随机过程信号,$A_i \cos(\omega_i t + \varphi_i)$ 代表幅度为 A_i、频率为 ω_i 的线谱信号,则舰船辐射噪声的数学模型可表示为

$$S(t) = S_0(t) + \sum_i A_i \cos(\omega_i t + \varphi_i) \tag{2-4}$$

式中,线谱分量 $A_i \cos(\omega_i t + \varphi_i)$ 中可能存在一定的幅值或频率调制分量。

1. 舰船低频辐射噪声谱级估算模型

采用数学模型逼近舰船辐射噪声功率谱中的连续谱结构,首先确定功率谱中的峰值及临界频率 f_0,假定舰船最高航速为 $v_{\max}$,峰值频率在 $100 \sim 1000$Hz 均匀变化,峰值位置随航速的增加而降低,低于峰值频率按每倍频程 $k_1 (-6 \leqslant k_1 \leqslant 0)$ dB 下降;高于峰值频率按每倍频程 $k_2 (k_2 \approx -6)$ dB 下降。连续谱模型的功率谱级可以表示为

$$f_0 = 1000 - 900 v / v_{\max} \tag{2-5}$$

$$\mathrm{SL}_{f0} = \mathrm{SL}_s + 20 - 20 \lg f_0 \quad (f = f_0) \tag{2-6}$$

$$\begin{cases} \mathrm{SL}_f = \mathrm{SL}_{f0} + k_1 \cdot \lg[2(f_0/f)] & (f_0/10 \leqslant f < f_0) \\ \mathrm{SL}_f = \mathrm{SL}_{f0} + k_2 \cdot \lg[2(f/f_0)] & (f > f_0) \end{cases} \tag{2-7}$$

式中,SL_f 为功率谱级(源谱级),单位为 dB;SL_s 为 100Hz 以上的总声源级,单位为 dB;v 为航速,单位为节;f_0 为临界频率;k_1 和 k_2 分别为上升和下降的斜率(dB/倍频程)。

对于 30000t 以下、航速为 $8 \sim 25$ 节的舰船,其 100Hz 以上的总声源级 SL_s 可使用如下经验公式表示:

$$SL_s = 112 + 50\lg(v/10) + 15\lg(DT) \tag{2-8}$$

或

$$SL_s = 134 + 60\lg(v/10) + 9\lg(DT) \tag{2-9}$$

对大于 30000t 的现代大型舰船，做出如下的修正：

$$SL_s = 112 + 50\lg(v/10) + 15\lg(DT) - 1.5 \times 10^{-5} DT \tag{2-10}$$

式中，v 为航速，单位为节；DT 为舰船排水量，单位为 t。

另外，随着实验次数的增加和实验范围的扩大，可以通过收集大量不同类型舰船的功率谱形状建立数据库，同时根据大量舰船的拟合数据不断地修正功率谱表达式。

2. 舰船低频辐射噪声连续谱分量仿真模型

大量的统计资料表明，舰船噪声是一类特殊的随机过程，除了具有一定的功率谱结构以外，幅度呈高斯分布。随机信号理论指出，服从高斯分布的随机信号通过线性系统后，输出信号具有相同的分布。噪声生成的基本思想是构造一个线性系统，要求具有与舰船辐射噪声频谱形状相同的频率响应，输入具有恒定功率谱的高斯白噪声，使之通过该线性系统，即可得到与期望的舰艇辐射噪声功率谱形状相同的有色噪声。

依据以上的基本思路，可构造一个有限冲击响应的数字滤波器来实现以上功能。

假设一艘舰船航速为 25 节，8040t，$F_s = 3\,\text{kHz}$，设计的滤波器幅度-频率响应如图 2-15 所示。

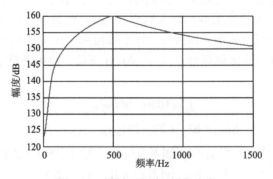

图 2-15　滤波器幅度-频率响应

图 2-16 为高斯白噪声通过图 2-15 中的滤波器后得到的有色噪声功率谱。可以看出，低于临界频率时，它的谱级随频率以小于 20dB/10 倍频程的斜率上升；高于临界频率时，谱级随频率以大约 20dB/10 倍频程的斜率下降，滤波器输出的有色噪声功率谱与所期望的理论功率谱吻合得很好。

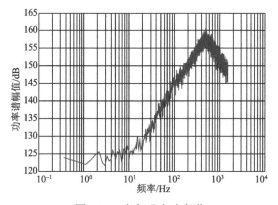

图 2-16 有色噪声功率谱

3. 舰船低频辐射噪声线谱估计

舰船等水声目标的辐射噪声线谱是幅值明显高出相邻连续谱，并有稳定的频率成分的线谱，通常位于 1000Hz 以下的低频段，产生线谱的声源通常是不平衡的旋转部件、往复部件、螺旋桨叶片共振以及一些结构部件或空腔被激励谐振等。有的线谱随工况而改变，有的则不然。

首先建立比较有规律的线谱模型。螺旋桨叶片斜面可对周向来流产生周期性激励，从而产生桨拍噪声，其频率对应于螺旋桨轴转速或桨叶频率，即轴频率乘以叶片数。另外，螺旋桨叶片切割所有进入螺旋桨及其附近的不规则流体，使螺旋桨噪声含有离散的、分布在叶片速率倍数上的"叶片速率"谱，在 1~100Hz 的频段内是其主要噪声源，频率为

$$f_m = mn(s + \Delta s) \qquad (2\text{-}11)$$

式中，m 为谐波次数，取大于或等于 0 的正整数；n 为螺旋桨叶片数；s 为螺旋桨转速，单位为转/s；Δs 为螺旋桨转速的变化量。

当螺旋桨叶片自身的某阶固有频率同叶片随边的涡流频率相一致时，叶片产生强烈的共振并发出尖锐的单频声，即螺旋桨唱音，频率在 100~1000Hz。

螺旋桨还可能诱导舰艇体振动，其共振频率与舰艇速度、螺旋桨叶频以及有关结构的固有频率等多种因素有关，故频率值与起振时间具有一定的随机性。

在交流电机中，由于定子和转子之间存在径向脉动磁吸力，磁通密度瞬变，产生两倍于电源频率的谱量；由电枢产生的磁力脉动，形成与转子速度和电枢数、齿数有关的高频分量；由转子和定子的不对称性引起不对称高次谐波，其中有两个较强的分量，频率为电机振动频率加减两倍电源频率，即

$$f = mn {}^{+}_{0} 2f_0 \qquad (2\text{-}12)$$

式中，n 为电枢齿数或转子槽数；m 为转子每秒的转数；f_0 为电源频率；符号 $\dfrac{+}{0}$ 代表加、减和不加不减。

舰船机械中有许多轴承，不仅传递振动而且产生振动，激励频率等于轴承座速度和滚珠数乘积的一半。线谱幅度是一个与时间、航速、航深、水温、海况等有关的多元函数。假设给定航速、航深和海况，则线谱幅度的大小主要取决于线谱源的稳定性。由于线谱幅度稳定性较差，即使在很短的时间内，线谱幅度值也会发生变化，而且某些线谱是随机出现的。

通常，线谱幅度变化在一定范围内存在一定的随机性。因此，可用一个均匀分布的随机量来近似线谱幅度，具体线谱幅度可通过统计平均的方法确定其上限或取值区域。

下面以某类水面舰的统计特征为仿真对象，主轴转频为 0.933 Hz，采样频率 $F_s = 48\,\text{kHz}$，采样时间 $t = 10\,\text{s}$。其频谱中包含 $f = 6.5\text{Hz} = 7f_0$ 及 f 的 2～8 倍频的调制频率，同时还含有 50Hz 及其倍频的电流干扰。

舰船辐射噪声仿真信号及原始波形直方图如图 2-17 所示。从原始波形直方图中可以看出，含有有色噪声的仿真信号的统计情况也属于高斯分布，与预期情况相符。

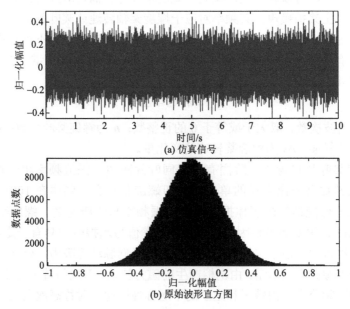

图 2-17　舰船辐射噪声仿真信号及原始波形直方图

图 2-18 为舰船辐射噪声仿真信号的功率谱，从图中也可以看出其分布情况能很好地模拟该类真实水面舰的功率谱分布，说明仿真模型正确。

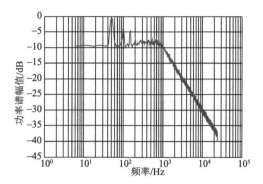

图 2-18　舰船辐射噪声仿真信号的功率谱

2.5.2　水下航行器辐射噪声模型

进行水下航行器辐射噪声的研究，不但可以为优化设计和解决水下航行器的减振降噪问题提供重要参考，而且也可以为探测、跟踪和抗击敌方水下航行器提供依据。

水下航行器的噪声源和噪声产生机理与潜艇、舰船等水声目标有一定的相似性，不同的是它们对各种噪声源的相对重要性不一样。同舰船等辐射噪声一样，对水下航行器辐射噪声来说，机械噪声、螺旋桨噪声和水动力噪声也是三种主要的噪声源[13-17]。

1. 机械噪声

水下航行器的机械噪声由动力系统及轴系的振动产生。振动包括：电动力水下航行器的主电机轴频振动和电磁激励振动，分轴齿轮箱的齿轮啮合振动，螺旋桨轴系的单桨叶频振动、双桨叶频振动和它们的倍频振动；热动力水下航行器发动机内的活塞、连杆、曲轴等运动部件产生的惯性力以及由摆盘、凸轮、齿轮等运动部件产生的冲击振动，还有各种辅机、减速器及其他动力组件产生的振动。这些振动通过航行器结构传递到其壳体，再由壳体振动产生水下辐射噪声。

2. 螺旋桨噪声

水下航行器广泛采用前后对转式的双螺旋桨，是由于这种螺旋桨效率高，扭矩平衡好，螺旋桨噪声产生在外面，直接通过海水介质向外辐射。它是空化噪声、转动噪声、涡流噪声、唱音等构成的一种混合噪声。螺旋桨工作时，产生的噪声与机械噪声有不同的源和不同的频谱。螺旋桨噪声有以下几种形式：

（1）空化噪声。当水下航行器螺旋桨在海水中不断高速旋转时，海水形成了明显的局部压力下降。当压力下降到大体上海水在该温度下的饱和蒸气压力时，最小压力点附近水的连续性遭到破坏，不断形成许多充满水蒸气和气泡的空泡。这些空泡与其周围水流以大约相等的速度向后移动，当空泡进入高压区时，泡内的水蒸气发生凝聚，气体被溶解，空泡将迅速溃灭，同时产生极高的压力冲击，成为一种强噪声源。在螺旋桨区域中，周期性受迫振动所产生的辐射声波的频谱为离散的线谱；而靠近螺旋桨区域的大量瞬态空泡崩溃，也同样产生噪声，其频谱为宽带连续谱，所有这些便构成了螺旋桨空化噪声[17,18]。

（2）转动噪声。该噪声由作用在桨叶上的不稳定推扭力产生。由于叶片的周期性扫掠，转动噪声主要产生低频线谱。对转桨而言，其转动噪声由前后两桨的噪声叠加而成，每个桨的噪声包含另一个桨的流场引起的附加噪声，这时螺旋桨的扫掠与尾部伴流场发生强烈耦合，产生规则排列的强线谱。

（3）涡流噪声。该噪声是由螺旋桨叶片边沿产生的涡流而引起的宽带随机噪声。由于机械噪声具有宽带特性，当螺旋桨未产生空泡时，涡流噪声可能已被机械噪声所掩盖。

（4）唱音。当桨叶随边产生的涡旋频率恰好与桨叶的固有频率相近时，会发生共鸣现象，其频率不随转速而变，是一种频率较高的单频率分量。

3. 水动力噪声

不规则和起伏的水流流过水下航行器时，可以激励航行器的某些部分发生振动和再辐射，从而产生水动力噪声。当水下航行器的航速较快时，会在其体表面形成湍流附着层，从而产生流噪声。流噪声是水动力噪声的一种形式，是黏滞流体流动时的正常特征，在无突起也无凹陷的光滑航行器上产生。流噪声可以是航行器表面附着层压力起伏引起的直接声辐射，也可以是附着层压力起伏激励航行器壳体振动产生的间接声辐射。在正常情况下，水动力噪声源的振动比机械噪声源和螺旋桨噪声源的振动弱，相对于机械噪声而言，是可以忽略的。但是，当结构部件或空腔被激励成线谱噪声的共振源时，水动力噪声在出现线谱的范围内成为主要噪声源。

多数情况下，在上述几类噪声中，机械噪声和螺旋桨噪声是主要的辐射噪声。这两种噪声哪一种更为重要，则取决于频率、航速和深度。在一般情况下，辐射噪声谱由宽带连续谱和一系列线谱组成。在开始出现空化的航速下，噪声谱的低频段主要是机械噪声和螺旋桨叶片的线谱噪声。随着频率的升高，这些谱线不规则的降低，直至被螺旋桨噪声的连续谱所淹没。当航速增快时，螺旋桨的空化噪声谱增大，并移向低频；同时线谱也增大，并向高频移动。

4. 仿真模型

下面以实测的水下航行器辐射噪声数据为基础，进行辐射噪声数据的仿真研究。水下航行器相对于水听器做速度 $v = 50\,\text{kn}$ 的直线运动，水听器与水下航行器航向间的垂直距离 $d = 1000\text{m}$ ，水下航行器和水听器的连线与其航行间的夹角 $\theta = 30°$ ，水中声速 $c = 1500\text{m/s}$ ，则水听器接收到受环境噪声污染的水下航行器辐射噪声为

$$x(t) = \sum_{i=1}^{n} S_i(t) + n(t) = \sum_{i=1}^{n} A_i \cos[2\pi(f_{0i} + \Delta f_i)(t - t_i) + \varphi_{0i}] + n(t) \qquad (2\text{-}13)$$

式中，n 为不同频率正弦信号总数；φ_{0i} 为随机初相位；A_i 和 f_{0i} 分别为正弦信号的幅值和辐射噪声的线谱频率；$\Delta f_i = \pm 2v|\cos\theta|f_{0i}/c$，为接收信号的多普勒频率（水下航行器与水听器接近时为"+"，远离时为"−"）；$t_i = d/c\sin\theta$ 为水听器接收信号的时延；$n(t)$ 为环境噪声。水下航行器辐射噪声的线谱频率和幅值如表 2-6 所示[19]。

表 2-6　水下航行器辐射噪声的线谱频率和幅值

序号 i	1	2	3	4	5~14	15~24
频率 f_{0i}/Hz	102.2	134.3	102.2×4	102.2×8	1343×(1~10)	1343×(11~20)
幅值 A_i/V	0.6	0.4	0.75	0.6	0.8±0.2	2±1.1

假设环境噪声 $n(t)$ 为高斯色噪声，高斯色噪声由高斯白噪声通过式（2-14）的滤波器产生：

$$H(z) = \frac{b_0 + b_1 z^{-1} + b_2 z^{-2}}{a_0 + a_1 z^{-1} + a_2 z^{-2}} \qquad (2\text{-}14)$$

式中，$(a_0, a_1, a_2) = (1, 0, 0.9800)$；$(b_0, b_1, b_2) = (0.0322, 0.0644, 0.0322)$。假设该滤波器的频谱在 $f = 16\text{kHz}$ 处有一个大的峰值，辐射噪声信号的采样频率 $f_s = 64\text{kHz}$，采样时间为 1s，为了满足某种水下航行器的被动检测中频带要求，对 15~25kHz 频带内辐射噪声信号进行仿真分析。当信噪比 SNR = −10dB 时，水下航行器辐射噪声的时域波形和功率谱如图 2-19 所示，对应 15~25kHz 频带内信号的幅值谱和 Hilbert 包络解调谱如图 2-20 所示。

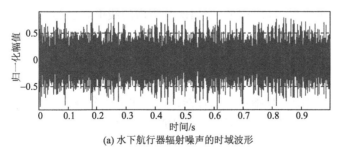

(a) 水下航行器辐射噪声的时域波形

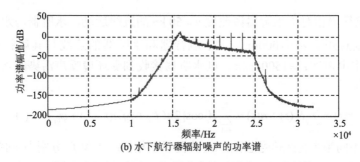

(b) 水下航行器辐射噪声的功率谱

图 2-19　水下航行器辐射噪声的时域波形和功率谱

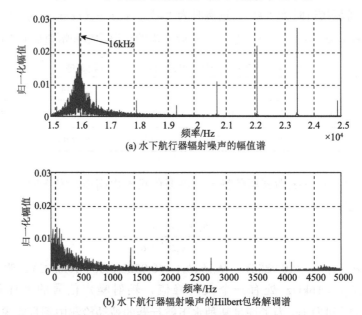

(a) 水下航行器辐射噪声的幅值谱

(b) 水下航行器辐射噪声的Hilbert包络解调谱

图 2-20　水下航行器辐射噪声的幅值谱和 Hilbert 包络解调谱

从图 2-19 可以看出，除了与表 2-6 中对应的线谱外，在 16kHz 处还存在背景噪声的谱峰值，与假设一致。

从图 2-20 可以看出，在 15～25kHz 频带内的线谱与表 2-6 中的频率相对应，符合设定情况。

2.5.3　水下航行器自噪声模型

水下航行器自噪声是指水下航行器自己产生的背景噪声，同辐射噪声一样，自噪声的来源主要是水下航行器航行时所产生的机械噪声、螺旋桨噪声和水流产生的水动力噪声[20]。但是，这三种声源在自噪声中起的作用不同于它们在辐射噪声中起的作用。例如，在辐射噪声中，水动力噪声往往被机械噪声和螺旋桨噪声所掩盖，只是在结构件或空腔被激励成强烈线谱噪声的谐振源时，水动力噪声才有可能在某些线谱上成为主要噪声源。从自噪声角度来看，水动力噪声，特别是流噪声对声呐设备工作的影响十分严重，人们必须采取特殊措施，尽可能抑制其干扰，以改善声呐的工作背景。

1. 机械噪声和螺旋桨噪声

机械噪声和螺旋桨噪声都是自噪声的主要声源。水下航行器机械产生的噪声主要集中于低频段，并且可能有明显的线谱。这是由于机械噪声主要由发动机及其动力传递机构产生，强度比较稳定，与航速关系不大。因此在航速较低时，其他噪声比较低，发动机及其动力传递机构产生的机械噪声就成为自噪声的主要声源。另外，在转向或变深航行时，舵机等部件工作所产生的噪声也是自噪声。如果水下航行器速度较高，在浅海条件下，螺旋桨噪声在较高频率范围将成为自噪声的主要声源[21]。

2. 水动力噪声

水动力噪声是指所有由水流流过水听器、水听器支座和壳体外部结构形成的噪声源。因为水动力噪声源离水听器很近，随速度增长很快，所以在螺旋桨空化不大时是高速航行时的基本噪声源。

水动力噪声的一种特殊类型为流噪声，是由水听器附近湍流附面层中的湍流作用在水听器表面上的压力形成的。水下航行器的水听器与水的摩擦及撞击也会产生噪声。在远处测量这些噪声时，其绝对值与其他辐射噪声相比可以忽略，但由于发生在水听器表面或附近，往往成为主要的自噪声源。为了减少这种噪声干扰，一般把声学部分放在流线型的导流罩内，以降低水流的直接撞击和防止空化噪声的产生[22]。

综上所述，自噪声与航行的速度有十分密切的关系。一般来说，当航速很低时，水听器受到的干扰主要来自海洋环境噪声。一般认为，当航速低于 10 节时，噪声主要是机械振动产生的，它的频谱往往是不连续的，带宽一般很窄；当航速在 10~20 节时，壳体、导流罩附近的水动力噪声为主要声源；当航速高于 20 节时，主要声源为螺旋桨空化噪声和壳体等粗糙表面的空化噪声，是频带很宽的连续谱。从频率特性来看，在低频端，机械噪声在频谱中占主要地位；在高频端，水动力噪声和螺旋桨噪声成为主要噪声源[23]。

自噪声是一种近场噪声，有很多传播途径。机器、螺旋桨轴及螺旋桨本身所产生的振动通过壳体传到导流罩附近，引起导流罩壁及水听器阵安装支架及基座的振动。螺旋桨噪声也可以通过水直接传到水听器阵，或通过水底、水面以及水中漂浮的其他反射物体传到水听器阵。

通过上面的分析可以看出，水下航行器自噪声的构成与水下航行器的辐射噪声类似，都是由机械噪声、螺旋桨噪声和水动力噪声这三种主要噪声源组成，不同之处在于每个噪声源在自噪声和辐射噪声的总体噪声中所占的比例有所侧重。自噪声的仿真模型与辐射噪声模型的表达式（2-13）相同，但各个线谱的频率和幅值需根据具体情况作相应的调整。

2.6　小结

本章介绍水声信号的非高斯性和非线性等统计特性的判定方法，分析实测的舰船辐射噪声、水下航行器的辐射噪声及其自噪声的时域特性、调制特性及频域宽带特性和线谱特性，根据时域特性、调制特性、谱特性等特点及差异，研究辐射噪声和自噪声的固有特征，同时构建舰船、水下航行器的辐射噪声和水下航行器的自噪声模型。结论如下：

（1）利用 Hinich 检验方法能够有效地分析水声信号的非高斯性和非线性等统计特性，这些统计特性一方面可以表征水声目标固有特征；另一方面也可为后续选择合适的水声信号处理方法提供先验知识。

（2）构建的水声目标辐射噪声模型和自噪声模型，一方面可以对实测数据的有效性进行验证；另一方面可以增加半实物仿真、陆上台架实验的模拟输入数据的可信度，从而节约实验成本。

（3）提出的适用于分析水声信号统计特征的 11 个时域特征和 13 个频域特征能够从不同的角度全面描述信号的固有特征。对于不同类型水声目标和背景噪声信号，其时间序列的幅值、能量及其分布情况各异，频域的谱结构也各不相同。因此，各类目标的时域和频域统计特征参数在某些方面也会存在固有的差异，这些都为后续的被动检测工作提供了依据。

（4）提出一个利用水下航行器的辐射噪声或自噪声的 Hilbert 包络解调谱计算其航速的公式，并利用实测数据验证了航速公式的有效性。

（5）水面舰辐射噪声的稳定目标统计特征有：第 5、10 个时域特征 t_5、t_{10}，第 6~8、13 个频域特征 f_6 ~ f_8 和 f_{13}。对于辐射噪声的谱结构及其能量分布，能够通过幅值谱进行有效的分析。通过 Hilbert 包络解调谱分析，能够将舰船的轴频及其倍频成分提取出来。

（6）水下航行器辐射噪声的稳定目标统计特征有：第 7、10 个时域特征 t_7、t_{10}，第 5、7~9 个频域特征 f_5、f_7 ~ f_9。对于辐射噪声的固有特征频率及其倍频成分，能够通过幅值谱和 Hilbert 包络解调谱分析提取出来。

（7）水下航行器自噪声的稳定目标统计特征有：第 5、10 个时域特征 t_5、t_{10}，第 5、7～9 个频域特征 f_5、$f_7 \sim f_9$。幅值谱和 Hilbert 包络解调谱提取出了自噪声数据的固有特征频率及其倍频成分；从水下航行器自噪声数据的直方图中可以看出，自噪声数据表现出强烈的非高斯性。

研究舰船、水下航行器等水声目标辐射噪声及自噪声的固有时域和频域特征，可以为开展水下航行器的远程被动目标检测提供重要依据。

参 考 文 献

[1] 杜召平, 陈刚, 王达. 国外声呐技术发展综述[J]. 舰船科学技术, 2019, 41(1): 145-151.

[2] 胡桥, 白志科, 朱建, 等. 水下主动声引信回波集成检测方法[J]. 鱼雷技术, 2012, 20(2): 100-106.

[3] 胡桥, 周涛, 刘磊. 改进的水下主动声引信检测方法[C]//中国造船工程学会电子技术学术委员会. 2012 年水下复杂战场环境目标识别与对抗及仿真技术学术交流论文集. 北京: 中国造船工程学会, 2012.

[4] 郭业才. 基于高阶统计量的水下目标动态谱特征增强研究[D]. 西安: 西北工业大学, 2003.

[5] 李启虎, 李敏, 杨秀庭. 水下目标辐射噪声中单频信号分量的检测：理论分析[J]. 声学学报, 2008, (3): 193-196.

[6] 李启虎. 进入 21 世纪的声呐技术[J]. 信号处理, 2012, 28(1): 1-11.

[7] 李亚安, 冯西安, 樊养余, 等. 基于 1(1/2)维谱的舰船辐射噪声低频线谱成分提取[J]. 兵工学报, 2004, (2): 238-241.

[8] Hu Q, He Z J, Zhang Z S, et al. Fault diagnosis of rotating machinery based on improved wavelet package transform and SVMs ensemble[J]. Mechanical Systems and Signal Processing, 2007, 21(2): 688-705.

[9] 胡桥, 郝保安, 吕林夏, 等. 经验模式能量熵在水声目标检测中的应用[J]. 声学技术, 2007, 26(5)：181-183.

[10] Urick R J. Principles of Underwater Sound[M]. New York: McGraw-Hill Book Co., 1983.

[11] Ross D. Mechanics of Underwater Noise[M]. Oxford: Pergamon Press Inc., 1976.

[12] 陈健松. 某水下航行体自噪声特性研究[D]. 西安: 西北工业大学, 2002.

[13] 汪德昭, 尚尔昌. 水声学[M]. 北京: 科学出版社, 1981.

[14] 王学杰, 单衍贺, 秦新华, 等. 舰船水下辐射噪声快速预报方法[J]. 噪声与振动控制, 2018, 38(5): 75-80, 150.

[15] 朱哲明, 杜功焕. 含气泡水的非线性声学特性[J]. 声学学报, 1995, 20(6): 425-431.

[16] Nair B M, Arunkumar K P, Menon S B. Broadband passive sonar signal simulation in a shallow ocean[J]. Defence Science Journal, 2011, 61 (4): 370-376.

[17] 谢骏, 笪良龙, 唐帅. 舰船螺旋桨空化噪声建模与仿真研究[J]. 兵工学报, 2013, 34(3): 294-300.

[18] 朱理, 庞福振, 康逢辉. 螺旋桨激励力下的舰船振动特性分析[J]. 中国造船, 2011, 52(2): 8-15.

[19] 沈广楠. 舰船目标识别技术研究[D]. 哈尔滨: 哈尔滨工程大学, 2012.

[20] 胡桥, 孙起, 田亮, 等. 加窗经验模式分解及其水下航行体辐射噪声特征提取研究[C]//中国造船工程学会电子技术学术委员会. 2011 年海战场电子信息技术学术年会论文集. 北京: 中国造船工程学会, 2011.

[21] 胡桥, 郝保安, 吕林夏, 等. 一种新的水声目标辐射噪声特征提取模型[J]. 鱼雷技术, 2008, 16(6): 38-43.

[22] 胡桥, 郝保安, 吕林夏, 等. 一种新的水声目标 EMD 能量熵检测方法[J]. 鱼雷技术, 2007, (6): 9-12.

[23] 杨宏. 经验模态分解及其在水声信号处理中的应用[D]. 西安: 西北工业大学, 2015.

3

新型水声信号处理算法

3.1 引言

在科学研究、工程技术和生产实践等各种活动中，人们经常需要解决的问题是如何从观测的结果中发现和提取有用信息。然而，信息在产生和传输的过程中，总是不同程度地掺入各种随机性的噪声和干扰。例如，在声呐的接收信号中，存在着海洋噪声、混响及多途干扰；在反对抗中，存在着人为产生的干扰源，这种干扰不仅幅度大，而且与期望信号有很强的相关性。这些噪声和干扰通常是有害的，不仅"污染"信号，也影响系统的工作性能。人们希望在所采集到的信号中尽可能地少含有噪声和干扰，然而在实现上相当困难，甚至有时是不可实现的。研究人员通过各种信号处理的方法尽可能地抑制接收信号中的噪声和干扰，从而提取所期望的目标信号。因此，各种滤波降噪、微弱信号特征提取的方法不断地涌现出来，并在科研和生产中发挥着巨大的作用[1,2]。所谓微弱信号可从两方面理解：一方面是指有用信号的幅度，相对于噪声显得很微弱，如输入信号的信噪比为–10dB、–20dB，甚至–40dB 以下，即有用信号幅度是噪声的 1/10、1/100 乃至1/1000。这时，有用信号完全淹没在噪声之中，要检测这种信号，可谓"大海捞针"；另一方面是指有用信号的幅度绝对值极小，如检测微伏、纳伏乃至皮伏量级的电信号振幅等。在复杂的海洋环境中进行被动目标检测时，目标辐射噪声中包含的有用信号就是典型的微弱信号。

所谓特征提取，就是提取一些能表征目标物理特性的参数，需要对原始数据进行不同变换，从而得到最能表征目标特性的本质特征。变换的目的是压缩数据和抑制噪声，将测量空间中所表征的高维目标模式变为特征空间中的低维目标模式，从而剔除多余的数据和噪声，减少目标检测和识别的干扰[3,4]。因此，水中目标被动检测的核心问题是如何运用信号处理理论和方法从舰船、潜艇等水声目标辐射噪声、水下航行器自噪声和海洋环境背景噪声中进行水声目标特征的提取。同时，有效的特征提取方法是决定整个检测系统成功与否的关键。随着现代信号处理理论的快速发展和人们对海洋信道和目标特性更深入的了解，目标特征提取方法也得到了较大发展和进步。传统的目标特征提取方法大多是基于水声目标辐射噪声的功率谱进行线谱特征提取或谱的形状特征提取，从而达到对目标的检测与识别[5,6]。这些方法的前提是假设水声信号是平稳的。人们已经提出了谱分析的特征提取方法，其中谱估计的主要方法有非参数化谱估计、参数化谱估计和高阶谱估计等，具体应用的方法有线谱特征法、调制特征法和谱形特征法等。

从第 2 章中可知，水声目标辐射噪声的产生和传播机理十分复杂，且成分多样，通常由连续分布的宽带噪声谱和若干个离散频率上的窄带线谱分量构成，并伴随有一定的调制分量。同时，水声信道的复杂多变以及水声信号传播的多途效应，使水声信号往往呈现出非高斯、非平稳、非线性的"三非"性质。由于传统的信号处理方法是基于信号和噪声是线性平稳性的高斯随机过程这一假设的，对于复杂海洋环境中的远程水声目标而言，随着舰船等水声目标减振降噪性能的提高和噪声的降低，基于傅里叶变换的一些传统信号处理方法很难准确地提取水下目标辐射噪声的特征。因此，必须将新的现代信号处理理论和方法应用到水声目标辐射噪声的特征提取中，以提高水声目标检测和识别系统对复杂环境的适应性。

随着现代信号处理理论的快速发展和人们对海洋信道和目标特性更深入的了解，目标特征提取算法也得到了较大发展和进步。新的现代信号处理方法，如高阶统计性理论、小波变换和时频分析方法等，以及这些方法的综合使用是研究"三非"过程的有力工具。例如，高阶统计量包含了二阶统计量没有的大量信息，使得高阶统计量能自动抑制任何平稳（高斯与非高斯）噪声的影响。由于高斯过程高于二阶的累积量近似为零，利用高阶累积量处理非高斯水声信号问题具有很大的潜力[7,8]。第二代小波变换是一种基于提升策略的时域变换方法，摆脱了对频域的依赖，这样就不必借助傅里叶变换，而且容易实现快速算法，对非平稳信号中的噪声成分具有很好的抑制能力[9]。经验模式分解是信号处理领域内解决非平稳、非线性信号分析问题的新方法，是按信号自身的内在特性进行自适应的完备、正交分解，可将动态信号的本征模式分量提取出来[10-13]。变分模态分解是一种新的非递归式的时频分析方法，同样适用于分析和处理非线性、非平稳随机信号。与传统的递归方式分解不同，变分模态分解通过迭代搜寻变分模型的最优解来实现目标信号的自适应分解[14]。从信号处理的角度出发，可以利用新的现代信号处理方法全面描述"三非"过程的特性。例如，在水声信号处理中，可以利用基于高阶统计性理论的高阶统计量来解决非高斯性问题，利用基于提升策略的第二代小波变换来处理非平稳问题，利用经验模式分解等时频分析方法来研究非线性、非平稳问题，甚至可以将多种信号处理方法综合使用，以解决更为复杂的实际问题。

3.2 基于高阶统计量的非高斯水声信号分析

舰船、潜艇和水下航行器等水声目标辐射噪声特征提取研究在被动检测中具有重要意义，提取有效、可靠的特征参数一直是水声界研究的热点。在众多的辐射噪声特征参数中，有一类显得尤为重要，就是由一系列旋转机械产生的低频线谱成分。对于这类特征参数的提取，虽然已有研究结果可供参考，但大多采用传统的功率谱分析方法进行研究，要求待分析的样本信号具有较高的信噪比，而事实却正好相反。基于高阶统计量的 1（1/2）维谱是信号三阶谱的一种特殊情况，既保留了高阶谱可抑制加性高斯噪声的优良特性，又简化了计算，便于实际应用。而且，1（1/2）维谱对低频分量的加强作用，对提取水声信号中的低频分量特别有效。因此，可以利用 1（1/2）维谱图中被加强的低频成分，获得水声目标辐射噪声的有效信息。

3.2.1 高阶谱及其切片谱分析

对于随机变量 $x(t)$，它的三阶累积量 $c_{3x}(\tau_1,\tau_2)$ 的对角切片为 $c_{3x}(\tau,\tau)$，定义该对角切片的傅里叶变换为随机变量 $x(t)$ 的 1（1/2）维谱：

$$C(\omega) = \int_{-\infty}^{+\infty}\left[\int_{-\infty}^{+\infty}x(t)x^2(t+\tau)\mathrm{d}t\right]\mathrm{e}^{-\mathrm{j}\omega\tau}\mathrm{d}\tau = X^*(\omega)[X(\omega)\cdot X(\omega)] \qquad (3\text{-}1)$$

式中，$X(\omega)$ 为 $x(t)$ 的傅里叶变换；$X^*(\omega)$ 为 $X(\omega)$ 的复共轭。1（1/2）维谱性质如下：

性质 1 设 $x(t)$ 为零均值，基频为 ω_0 的 n 次实谐波信号，在幅值相等相位为零的情况下，当 $|\omega_m| < |\omega_l|$ 时，有

$$C(\omega_m) > C(\omega_l),(\omega_m = m\omega_0,\ m = \pm1,\pm2,\cdots,\pm n,\ \omega_l = l\omega_0,\ l = \pm1,\pm2,\cdots,\pm n)$$

性质 2 设 $n(t)$ 为零均值的高斯噪声，则有 $C(\omega) \equiv 0$。该性质表明，1（1/2）维谱同样具有抑制高斯随机噪声的特点。

性质 3 设 $n(t)$ 为零均值的随机噪声，在任何两个不同时刻都互不相关，且概率密度函数对称分布，则有 $C(\omega) \equiv 0$。该性质表明，当信号中混有对称分布的随机噪声时，理论上也可被 1（1/2）维谱完全抑制。

性质 4 设 $x(t)$ 是谐波信号，ω_m、ω_p、ω_q 为其中三个谐波分量，若 $\omega_m \neq \omega_p + \omega_q$，则有 $C(\omega) \equiv 0$。该性质表明，当信号中含有非相位耦合的谐波项时，通过 1（1/2）维谱的处理，这些谐波项可被清除。下面通过对某一非高斯声信号的计算来验证 1（1/2）维谱的一些性质。该信号的原始波形及其直方图分布如图 3-1

所示，信号的采样频率 $F_s = 8192\,\mathrm{Hz}$，从直方图中也可以看出该信号不服从标准高斯分布。

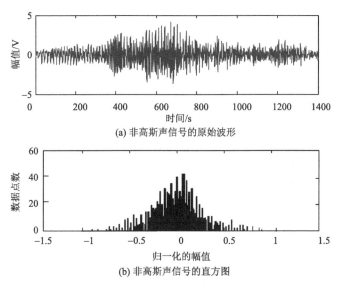

(a) 非高斯声信号的原始波形

(b) 非高斯声信号的直方图

图 3-1   非高斯声信号的原始波形及其直方图

声信号的幅值谱和 1（1/2）维谱如图 3-2 所示。

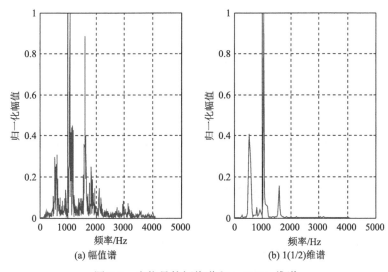

(a) 幅值谱

(b) 1(1/2)维谱

图 3-2   声信号的幅值谱和 1（1/2）维谱

对比图 3-2 中的两种谱的特征可以看出，1（1/2）维谱具有很强的去噪能力。而且，经过 1（1/2）维谱分析后，信号的基频成分得到了加强，同时剔除了信号中的非耦合谐波项。

3.2.2　线谱特征提取

对某一实测舰船的辐射噪声进行谱分析，提取其中的线谱成分。辐射噪声信号的采样频率 $F_s = 4.8\,\mathrm{kHz}$，采样时长为 1s，幅值谱和 1（1/2）维谱如图 3-3 所示。

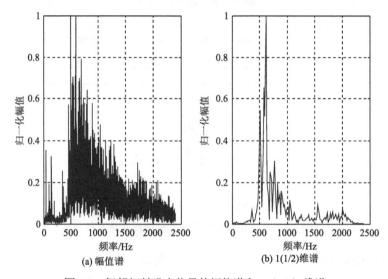

(a) 幅值谱　　　　　　　(b) 1(1/2)维谱

图 3-3　舰船辐射噪声信号的幅值谱和 1（1/2）维谱

从图 3-3 可以看出，在幅值谱中存在 200Hz 以下的谐波分量，而 1（1/2）维谱将非相位耦合的谐波项和高斯噪声完全滤除，从而使得反映线谱特征的主要基频得以增强，提取的线谱特征更为显著。

3.3　基于第二代小波变换的非平稳水声信号分析

3.3.1　第二代小波变换的基本原理

传统的小波变换是在频域进行的，其基本的变换工具是傅里叶变换，因此小波变换又称为第一代小波变换。第二代小波变换（second generation wavelet transform，SGWT）是一种不依赖傅里叶变换的小波构造方法，又称整数小波变换。第二代小波变换是一种更为快速有效的小波变换实现方法，完全在时域中完成了对双正交小波滤波器的构造。已经证明，任何离散小波变换或具有有限长度滤波器的两阶变换都可以被分离成为一系列简单的提升步骤，所有能够用 Mallat 算法实现的小波变换，都可以用基于提升策略的构造方法来实现，因此基于提升方法的小波变换被称为第二代小波变换[9,15]。这种构造方法在结构化设计和自适应构造方面的突出优点弥补了传统频域构造方法的不足，它的优势体现如下。

（1）构造方法灵活，可以通过提升改善小波函数的特性，从而构造出具有期望特性的小波。

（2）第二代小波不再是某一给定小波函数的伸缩和平移，它适合于区间、曲面以及不等间隔采样问题的小波构造。

（3）第二代小波变换的算法简单、运算速度快、占用内存空间少、执行效率高，可以分析任意长度的信号。

第二代小波变换的分解过程由三部分组成：剖分、预测和更新。

假设一个数据序列：

$$X = \{x_k, k \in Z\}, \quad x_k \in \mathbf{R} \tag{3-2}$$

剖分将数据序列按奇偶样本分成两部分：

$$X_e = \{x_{2k}, k \in \mathbf{Z}\} \tag{3-3}$$

$$X_o = \{x_{2k+1}, k \in \mathbf{Z}\} \tag{3-4}$$

预测使用偶样本 X_e 估计奇样本 X_o：

$$\widehat{X}_o = P(X_e) \tag{3-5}$$

然而估计值 $\widehat{X}_o$ 与实际值 X_o 存在差异，定义其差异为细节信号 d：

$$d = X_o - \widehat{X}_o = X_o - P(X_e) \tag{3-6}$$

式中，$P(\cdot)$ 为预测器。

更新为了在变换过程中保持存在于 X_e 的某些频率特性，引入更新器 $U(\cdot)$：

$$c = X_e + U(d) \tag{3-7}$$

理论上，式（3-6）和式（3-7）中的预测器 $P(\cdot)$ 和更新器 $U(\cdot)$ 可以任意选择，针对信号特征构造具有某种期望特性的小波函数。

重构为分解过程的逆过程，可由分解过程直接得到：

$$X_e = c - U(d) \tag{3-8}$$

$$X_o = d + P(X_e) \tag{3-9}$$

即由 X_e、X_o 重构 X。

图 3-4（a）为第二代小波变换的分解过程，设 D（奇抽样）和 E（偶抽样）为两个下抽样器，P 和 U 分别为预测器和更新器，对信号序列 X 进行小波分解，c、d 分别为逼近信号和细节信号。也可用图 3-4（b）描述上述分解过程，G、H 分别为高通滤波器和低通滤波器。从图 3-4 可以推导出 G 和 H 与 P、U、D、E 的关系为

$$G = D - P * E \tag{3-10}$$

$$H = (1-U*P)E+U*D \qquad (3-11)$$

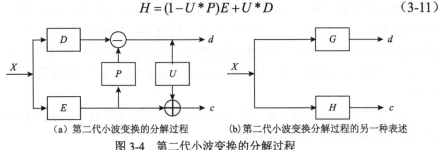

(a) 第二代小波变换的分解过程　　　　(b) 第二代小波变换分解过程的另一种表述

图 3-4　第二代小波变换的分解过程

设 ϕ_j、ψ_j 分别为 j 尺度的尺度函数和小波函数，则

$$\phi_j = H\phi_{j+1} \qquad (3-12)$$

$$\psi_j = G\psi_{j+1} \qquad (3-13)$$

显然，通过设计 P、U 可以构造具有某种特性的小波函数和尺度函数。

3.3.2　第二代小波变换滤波分析

小波分析的重要应用之一是信号的滤波或降噪。在小波变换过程中，信号与噪声表现出不同的分解特性。随着分解尺度的增加，信号对应的小波系数包含信号的重要信息，其幅值较大，但数目较少；噪声对应的小波系数是一致分布的，个数较多，但幅值较小。基于这一思想，可以按如下的方法利用 SGWT 进行信号降噪处理：首先对信号进行 SGWT 分解，噪声信号大多包含在具有较高频率的细节信号中，从而可利用阈值门限等方式对所分解的小波系数进行处理，然后对处理后的信号进行小波重构，即可达到对信号的降噪目的。小波降噪分析实质上是抑制信号中的无用成分，恢复信号中有用成分的过程。

SGWT 的信号降噪一般分为以下三个步骤：

（1）确定小波分解的层数，对信号进行分解计算。

（2）确定各个分解层下细节信号的阈值，对细节信号进行阈值量化处理。

（3）利用阈值量化处理后的细节信号和最后一层的逼近信号进行重构，得到降噪后的信号。

小波系数的阈值 th 按下列公式确定：

$$\text{th} = \sigma(2\ln L)^{1/2} \qquad (3-14)$$

$$\sigma = \text{median}(|\boldsymbol{d}|)/0.6745 \qquad (3-15)$$

式中，L 为细节信号序列 $\boldsymbol{d} = \{d(i), i=1,2,\cdots,L\}$ 的数据长度；median$(\cdot)$ 为中值函数。阈值处理公式为

$$d_{\text{th}}(i) = \begin{cases} 0, & |d(i)| < \text{th} \\ d(n), & |d(i)| \geqslant \text{th} \end{cases} \qquad (3\text{-}16)$$

式中，$d_{\text{th}}(i)$ 为阈值处理后细节信号，通过重构可以得到 SGWT 降噪后的信号。

下面用 4 种经典的非平稳测试信号，即 Doppler 信号、Heavysine 信号、Bumps 信号和 Blocks 信号对第一代和第二代小波降噪的性能进行对比分析，每个含噪信号的信噪比 SNR=3dB，图 3-5～图 3-8 分别为它们的原始信号及其降噪后的结果。

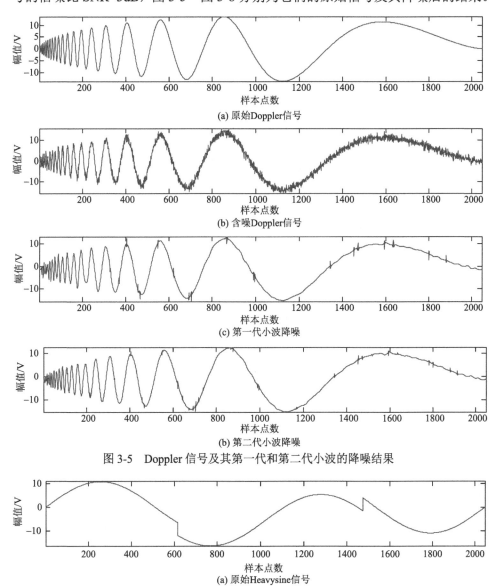

(a) 原始Doppler信号

(b) 含噪Doppler信号

(c) 第一代小波降噪

(b) 第二代小波降噪

图 3-5　Doppler 信号及其第一代和第二代小波的降噪结果

(a) 原始Heavysine信号

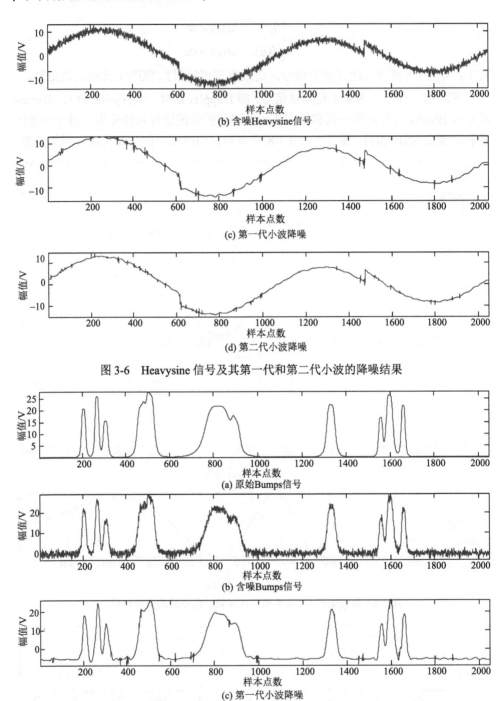

(b) 含噪Heavysine信号

(c) 第一代小波降噪

(d) 第二代小波降噪

图 3-6 Heavysine 信号及其第一代和第二代小波的降噪结果

(a) 原始Bumps信号

(b) 含噪Bumps信号

(c) 第一代小波降噪

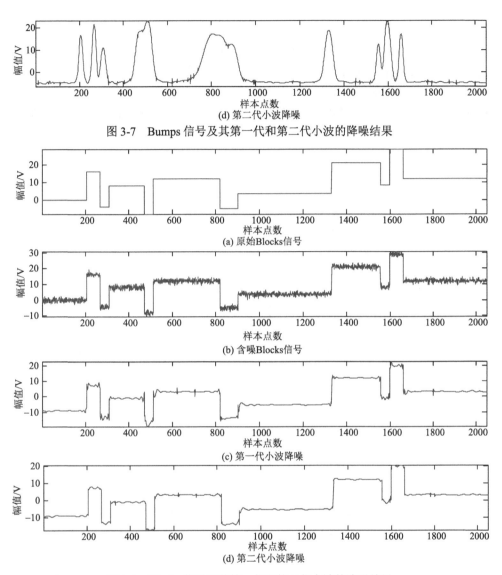

(d) 第二代小波降噪

图 3-7　Bumps 信号及其第一代和第二代小波的降噪结果

(a) 原始Blocks信号

(b) 含噪Blocks信号

(c) 第一代小波降噪

(d) 第二代小波降噪

图 3-8　Blocks 信号及其第一代和第二代小波的降噪结果

表 3-1 分别列出了采用第一代小波中的 DB4 小波和第二代小波对以上 4 种经典的实验信号进行降噪处理的效果。

表 3-1　第一代和第二代小波的降噪处理结果比较

小波的类型	信号的输出信噪比			
	Doppler 信号	Heavysine 信号	Bumps 信号	Blocks 信号
第一代小波	15.0114	11.1832	5.6258	5.0711
第二代小波	15.3280	11.2228	5.6696	5.0996

从表 3-1 中可以看出，对这 4 种典型的非平稳信号进行降噪时，第二代小波的降噪效果均好于第一代小波。在降噪过程中，第一代小波的计算时间为 0.188s，而第二代小波的计算时间只有 0.031s，第二代小波的计算效率约为第一代小波的 6 倍。对某一实测舰船的辐射噪声分别进行第一代小波和第二代小波的降噪分析，辐射噪声的采样频率 F_s=4.8kHz，采样时长为 1s，降噪结果如图 3-9 所示，图 3-10 为经过第一代小波和第二代小波降噪处理后的幅值谱。

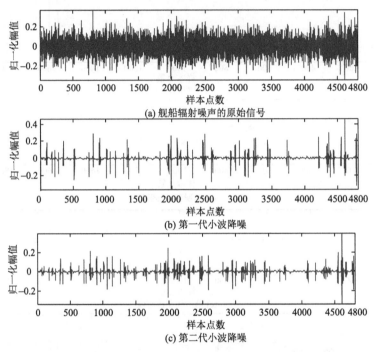

(a) 舰船辐射噪声的原始信号

(b) 第一代小波降噪

(c) 第二代小波降噪

图 3-9　舰船辐射噪声信号及其第一代和第二代小波的降噪结果

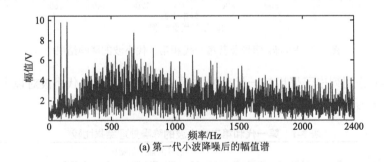

(a) 第一代小波降噪后的幅值谱

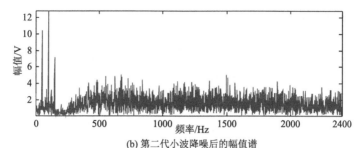

(b) 第二代小波降噪后的幅值谱

图 3-10 舰船辐射噪声信号降噪后的幅值谱

从图 3-9 和图 3-10 可以看出，尽管两个小波变换都能够将低频部分的基频及其谐波提取出来，但与第一代小波相比，第二代小波将高频噪声处理得更干净。

3.3.3 水中目标的分频带能量观测

借鉴第二代小波构造过程中的提升策略的思想，构造第二代小波包变换，下面对舰船辐射噪声的子频带能量进行观测分析。

根据多分辨分析可知，$L^2(\mathbf{R}) = \oplus W_j$，$j \in \mathbf{Z}$，$W_j$ 为小波子空间。小波包对 W_j 进一步分解，在全频带对信号进行多层次的频带划分，提高频率分辨率。小波包分解的表达式为

$$W_j = U_{j-k}^{2^k} \oplus U_{j-k}^{2^{k+1}} \oplus \cdots \oplus U_{j-k}^{2^{k+1}-1} \quad j,k \in Z \quad (3-17)$$

式中，U_j^n 为小波包分解得到的子空间。随着尺度 j 的增加，子空间 U_j^n 的数目增加，增加越多，频带划分越细。若采用正交分解，分析信号被分解到相互独立的子频带内，分解到每个子频带内的信号具有一定的能量，可以反映水声目标的动态信息。

根据水声信号的特点，自适应地构造具有冲击信号特性的小波基函数，采用提升策略对小波子空间 W_j 进行分解，设原始信号序列为 $\{x_k, k \in \mathbf{Z}\}$，小波包分解后得到的 U_j^n 子空间的信号序列为 $\mathbf{X}_j = \{x_{j,n,l}, j,n,l \in \mathbf{Z}\}$，$x_{j,n,l}$ 为 j 尺度的第 n 频带的第 l 个数据，定义第 n 频带的能量占信号 $\mathbf{X} = \{x_k, k \in \mathbf{Z}\}$ 总能量的相对能量为

$$E(n) = \sum_l x_{j,n,l}^2 \Big/ \sum_k x_k^2 \quad (3-18)$$

利用第二代小波包变换对图 3-9 中舰船辐射噪声信号进行子频带能量观测，如图 3-11 所示，S 为辐射噪声原始信号，第 1~3 层分别为进行第二代小波包变换的 1~3 层的分解结果，频带能量为分解 3 层后得到的 8 个子频带的相对能量分布。经过对比分析发现，当分解 3 层时，每个子频带的带宽为 600Hz，反映的信号特征信息更为充分，此时得到的 8 个子频带的相对能量也从另外一个角度反映了舰船辐射噪声的分布情况。第 4 个频带（900~1200Hz）和第 8 个频带（2100~

2400Hz）中的能量最大，包含的舰船目标信息也最丰富。

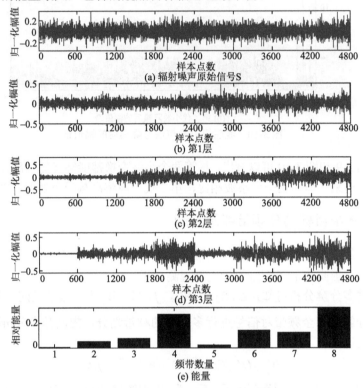

图 3-11　舰船辐射噪声信号的第二代小波包分解结果

3.4　基于经验模式分解的非线性水声信号分析

3.4.1　经验模式分解的基本原理

Huang 等[16]提出了一种适用于分析和处理非线性、非平稳随机信号的新方法——经验模式分解（empirical mode decomposition，EMD），并将其应用在地震信号处理、海洋水波信号处理等领域。

EMD 方法可将任意信号分解为若干个本征模式函数（intrinsic mode function，IMF）分量和一个余项。所谓 IMF 分量就是满足两个条件的函数或信号：①在整个数据序列中，极值点的数量与过 0 点的数量必须相等或最多相差一个；②在任何一点，数据序列的局部极大值点确定的上包络线和局部极小值点确定的下包络线的均值为 0，即信号关于时间轴局部对称。EMD 的分解过程也称为"筛选"过程，具体步骤如下：

设信号 $x(t)$ 的局部均值为 $m_{11}(t)$ ，$x(t)$ 与 $m_{11}(t)$ 的差值定义为 $h_{11}(t)$ ，则

$$h_{11}(t) = x(t) - m_{11}(t) \tag{3-19}$$

若 $h_{11}(t)$ 不是 IMF 分量，可以按式（3-19）重复 k 次，即

$$h_{1k}(t) = h_{1(k-1)}(t) - m_{1k}(t) \tag{3-20}$$

直到 $h_{1k}(t)$ 满足 IMF 分量的条件，记作 $f_1(t) = h_{1k}(t)$ 。

从 $x(t)$ 中减去 $f_1(t)$ ，得到剩余信号：

$$r_1(t) = x(t) - f_1(t) \tag{3-21}$$

再将 $r_1(t)$ 作为待分解的信号，重复式（3-19）～式（3-21）的步骤，按此过程依次分解得到

$$\begin{cases} r_2(t) = r_1(t) - f_2(t) \\ r_3(t) = r_2(t) - f_3(t) \\ \vdots \\ r_n(t) = r_{n-1}(t) - f_n(t) \end{cases} \tag{3-22}$$

直至所剩余信号 $r_n(t)$ 中的信息对所研究内容意义很小，或者变成一个单调函数，不能再筛选出 IMF 分量为止。至此，信号 $x(t)$ 已被分解成 n 个 IMF 分量 $f_i(t)$ 和一个余项 $r_n(t)$ ，即

$$x(t) = \sum_{i=1}^{n} f_i(t) + r_n(t) \tag{3-23}$$

其中，n 个 IMF 分量 $f_i(t)$ 的频率从大到小排列，$f_1(t)$ 所含频率最高，$f_n(t)$ 所含频率最低；余项 $r_n(t)$ 是一个非震荡的单调序列。EMD 的完备性是由分解过程本身决定的，式（3-23）也说明了这一点。尽管 EMD 的正交性在理论上无法证明，但文献[16]和[17]在数值上对其进行了正确性检验。

3.4.2 一种新的端点效应解决方案

在 EMD 中，局部均值是通过对原信号中的上极值点和下极值点分别进行样条插值拟合后再平均得到的，在样条插值时，除非数据的两个端点处就是数据的极值点，否则不能确定端点处的极值点，使得在样条插值时产生数据的拟合误差。在"筛选"的过程中，由于端点处极值的不确定性，每一次样条插值都有拟合误差，误差不停积累，分解出来的第一个 IMF 分量端点处就会有较大的误差。第二个 IMF 分量的分解是建立在原始信号减去第一个 IMF 分量的残余项的基础上进行的，因而第一个 IMF 分量的误差使残余项也产生误差，导致分解的第二个 IMF 分量产生更大的误差。照此类推，随着分解的进行，误差就会由端点处向内逐渐传播，在严重的情况下甚至使分解后得到的 IMF 分量失去意义，这就是端点效应。为了克服端点效应的影响，研究人员提出了各种延拓方法来处理边界扰动，本章

将这些方法归纳为传统的边界处理方法。

1. 传统的边界处理方法

传统的边界处理方法是将分解信号两端分别延长若干个点，对延拓信号进行分解后再去除每个分量的延拓部分，从而达到减弱端点效应影响的目的。下面以仿真信号为例，对此方法进行说明。

仿真信号 $x(t) = x_1(t) + x_2(t) + x_3(t)$，它由一个大幅值的高频信号 $x_1(t)$、一个瞬态冲击信号 $x_2(t)$ 和一个低频信号 $x_3(t)$ 组成，表达式为

$$\begin{cases} x_1(t) = 2\cos(2\pi f_1 t) \\ x_2(t) = (1 - \exp(-bt))\exp(-at)\sin(2\pi f_2 t) \\ x_3(t) = \cos(2\pi f_3 t) \end{cases} \tag{3-24}$$

式中，$f_1 = 0.8$；$f_2 = 0.4$；$b = 0.5$；$a = 0.05$；$f_3 = 0.1$。采样频率为 5Hz，样本点数为 256 点，仿真信号 $x(t)$ 及其频谱如图 3-12 所示。

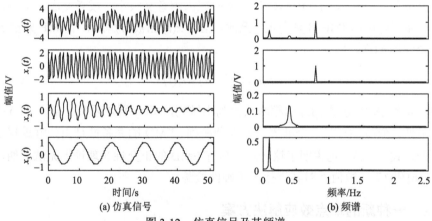

(a) 仿真信号   (b) 频谱

图 3-12 仿真信号及其频谱

根据仿真信号表达式，在 $x(t)$ 两端分别向外延长 16 个点，延拓后信号的 EMD 结果如图 3-13 所示，两条竖线外侧数据为延拓部分，分解后得到 6 个 IMF 分量 $f_1 \sim f_6$ 和一个余项 r_6，然后截取两条竖线内侧的数据作为有效的分解信号。由 EMD 理论可知，IMF 分量 $f_1 \sim f_6$ 的频率从大到小排列，因此前 3 个 IMF 分量 $f_1 \sim f_3$ 应该分别对应分量 $x_1(t) \sim x_3(t)$。从图 3-13 中可以看出，$x_1(t)$ 和 $x_2(t)$ 两个分量基本上可以提取出来，而低频信号 $x_3(t)$ 两端有失真现象，分解产生的累积误差由端点处向内逐渐传播，从而产生了 $f_4 \sim f_6$ 这 3 个无意义分量。进一步分析也可发现，如果不采用延拓方法，直接对原始信号进行分解，低频信号的失真更为严重，无意义的分量也更多。

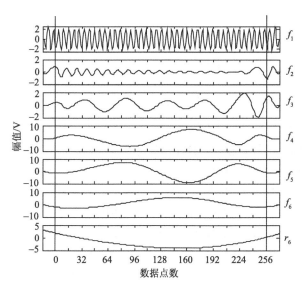

图 3-13 使用延拓方法后的 EMD 结果

从上面的分析可以看出，基于延拓的边界处理方法从某种程度上可以减小端点效应的影响，但不能从根本上消除这种影响，特别是端点效应对低频成分的影响非常严重，因此必须寻求一种新的解决方法。

2. 基于窗函数的边界处理方法

为了减小或消除端点效应的影响，可以将两端的数据进行幅值压缩，从而将边界扰动的可能性降低。基于这种思想，本章提出一种在原始信号两端进行加窗处理的边界处理新方法。经过多次试验，本章选取 Blackman 窗函数作为原始信号的预处理窗，其表达式如式（3-25）所示。其中，T 为原始信号的时间长度，$a \in (0, 0.5)$ 为两端的边界处理长度占原始信号长度的比值。可以看出，窗函数的中部幅值为 1，而两端的值逐渐减小至 0。Blackman 窗函数相对于 Hanning 窗函数和 Hamming 窗函数而言，其边界过渡平稳，信号的频带泄漏少。

$$w(t) = \begin{cases} 0.42 - 0.5\cos\left(\pi\dfrac{t}{aT}\right) + 0.08\cos\left(2\pi\dfrac{t}{aT}\right), & 0 \leqslant t < aT \\ 1, & aT \leqslant t \leqslant (1-a)T \\ 0.42 - 0.5\cos\left(\pi\dfrac{t-(1-2a)T}{aT}\right) + 0.08\cos\left(2\pi\dfrac{t-(1-2a)T}{aT}\right), & (1-a)T < t \leqslant T \end{cases}$$

（3-25）

在原始信号 $x(t)$ 分解前，先对其进行加窗预处理，得到边界处理后的信号 $\bar{x}(t) = w(t)x(t)$。由式（3-23）可知，预处理后的信号为

$$\overline{x}(t) = \sum_{i=1}^{n} \overline{f}_i(t) + \overline{r}_n(t) \tag{3-26}$$

从而得到分解原始信号的 EMD 结果为

$$x(t) = \sum_{i=1}^{n} \frac{\overline{f}_i(t)}{w(t)} + \frac{\overline{r}_n(t)}{w(t)} \tag{3-27}$$

当 $a = 0$ 时，式（3-27）中的窗函数为矩形窗，即 $w(t)$ 恒为 1，此时式（3-27）与式（3-23）相同。也就是说，传统 EMD 是加窗 EMD 的特殊形式，而加窗 EMD 方法是传统 EMD 方法的一种推广。

在实际处理过程中，如果数据足够长，也可以直接截取各个 IMF 分量的中间部分，即在式（3-26）中，令 $aT \le t \le (1-a)T$ 即可。

用加窗边界处理方法对图 3-12 中的信号 $x(t)$ 进行 EMD，结果如图 3-14 所示。对比图 3-14 与图 3-13 可以看出，基于加窗边界处理的 EMD 可以将 3 个分量成分 $x_1(t) \sim x_3(t)$（对应 $f_1 \sim f_3$）有效地提取处理，最大限度地消除了边界效应的影响，是一种比传统延拓方法更有效的边界处理方法。

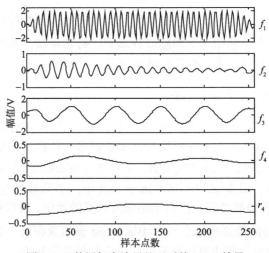

图 3-14 使用加窗边界处理后的 EMD 结果

3.4.3 一种新的模态混叠解决方案

在实际应用 EMD 方法时，由于水声信号中可能存在的间歇性或噪声等因素的影响，使得在插值拟合过程中生成虚假的局部极值点，从而产生将一个 IMF 分量分解成多个 IMF 分量的现象，即为 EMD 产生的模态混叠现象[16]。为了避免这种现象的产生，本章提出一种改进的相邻叠加的 IMF 分量处理的 EMD 方法，具体步骤如下：

（1）首先计算瞬时频率 $\omega(t)$。对式（3-23）中分解得到的每一个 IMF 分量 $f_i(t)$

做 Hilbert 变换，可得

$$H[f_i(t)] = \frac{1}{\pi}P\int_{-\infty}^{\infty}\frac{f_i(t)}{t-\tau}\mathrm{d}\tau \qquad (3\text{-}28)$$

式中，P 为柯西主分量。相应的解析信号为

$$A[f_i(t)] = f_i(t) + \mathrm{j}H[f_i(t)] = a_i(t)\mathrm{e}^{\mathrm{j}\theta_i(t)} \qquad (3\text{-}29)$$

式中，$a_i(t) = \sqrt{f_i^2(t) + H^2[f_i(t)]}$；$\theta_i(t) = \arctan\left[\dfrac{H[f_i(t)]}{f_i(t)}\right]$。则有瞬时频率 $\omega_i(t)$ 为

$$\omega_i(t) = \frac{\mathrm{d}\theta_i(t)}{\mathrm{d}(t)} \qquad (3\text{-}30)$$

（2）利用一个滑动矩形时间窗同时对每个 IMF 分量的 $\omega_i(t)$ 进行判断，如果存在几个相邻的 $\omega_i(t)$ 在窗内发生相同的波动或突变，则将这几个相邻的 IMF 分量叠加，构成新的 IMF 分量，记为 $f_{Ck}(t)$。

（3）将新的 $f_{ck}(t)$ 与剩余的 $f_i(t)$ 一起组成真实的 IMF 分量。

下面用一个仿真信号对相邻叠加的 IMF 分量处理方法的有效性进行验证。仿真信号由一个含噪的正弦信号叠加一段突变的常量组成，其解析表达式为

$$x(t) = \sin(2\pi \cdot 20 \cdot t) + 0.2 \cdot \mathrm{noise}(t) + 0.5 \cdot w(t_1) \qquad (3\text{-}31)$$

式中，$\mathrm{noise}(t)$ 为标准的高斯白噪声函数；$w(t)$ 为单位矩形函数；采样频率为 500Hz；时间 t 为 0～1s；t_1 为 0.2～0.3s。仿真信号经过 EMD 得到的前 3 个 IMF 分量 $f_1 \sim f_3$ 和新的 IMF 分量 f_{C1} 如图 3-15 所示。

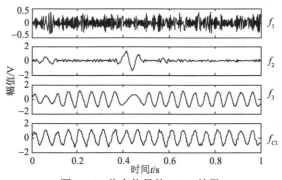

图 3-15　仿真信号的 EMD 结果

从图 3-15 中可以看出，f_1 为噪声成分。由于间歇性和噪声的影响，使得原始正弦信号被分解到 f_2 和 f_3 2 个 IMF 分量中，分解过程发生失真。分别与这 3 个 IMF 分量相对应的瞬时频率 $\omega_1 \sim \omega_3$ 如图 3-16 所示。

从图 3-16 中可以看出，f_1 的瞬时频率 ω_1 随机变动，这也正好与随机噪声信号的特征相符，说明 f_1 就是分解出的噪声成分。

根据相邻叠加的 IMF 分量处理方法的步骤，对 ω_2 和 ω_3 同时加一个长度为 0.05s 的矩形窗（由两条虚线表示）沿时间轴滑动，可以看出在 0.1s 处的窗内，ω_2

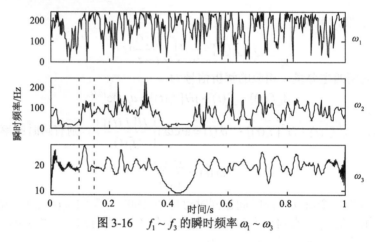

图 3-16 $f_1 \sim f_3$ 的瞬时频率 $\omega_1 \sim \omega_3$

和 ω_3 都发生了跳变，故将与 ω_2 和 ω_3 相对应的原始 IMF 分量进行叠加，即有 $f_{C1} = f_2 + f_3$（与图 3-15 中的 f_{C1} 相对应）。这也说明，通过相邻叠加的 IMF 分量处理方法可以有效地提取出真实的模式分量。

3.4.4 辐射噪声的特征提取研究

下面以水下航行器实测的辐射噪声数据为基础，进行频率特征提取的仿真研究。根据 2.4.1 小节的水下航行器辐射噪声模型，结合式（2-13），水下航行器辐射噪声仿真信号的线谱频率和幅值如表 3-2 所示。背景噪声为由式（2-14）产生的高斯色噪声，该滤波器的频率在 $f = 7$ kHz 处有一个大的峰值存在，这与实际背景噪声情况相符。辐射噪声信号的采样频率 $f_s = 28$ kHz，样本点数为 4096 点，当信噪比 SNR = 3dB 时，水下航行器的辐射噪声及其频谱如图 3-17 所示,在频谱图中可以看出，除了与表 3-2 中对应的 7 条谱线外，在 7kHz 处还存在背景噪声的谱峰值。

表 3-2 水下航行器辐射噪声仿真信号的线谱频率和幅值

序号 i	1	2	3	4	5	6	7
频率 f_{0i}/Hz	180.09	380.67	1754.69	2080.26	2442.56	2759.58	3068.05
幅值 A_i/V	11.36	18.81	8.15	18.37	6.36	6.94	9.80

为了克服端点效应和模态混叠现象，将辐射噪声中的频谱特征成分提取出来，利用加窗 EMD 和相邻叠加 IMF 分量处理相结合的改进 EMD 方法，对图 3-17 中的辐射噪声进行分解，得到 8 个 IMF 分量（即 7 个 IMF 分量 $f_1 \sim f_7$ 和一个余项 r_7），如图 3-18 所示。可以看出，辐射噪声的分量大部分包含在前 4 个 IMF 分量中。

计算图 3-18 中各个分量信号的能量，并求取它们的相对能量，如图 3-19（a）所示，可知前 4 个 IMF 分量几乎包含了原始辐射噪声的全部能量。图 3-19（b）为利用传统 EMD 方法分解后，得到的 17 个 IMF 分量的相对能量，可以看出，分

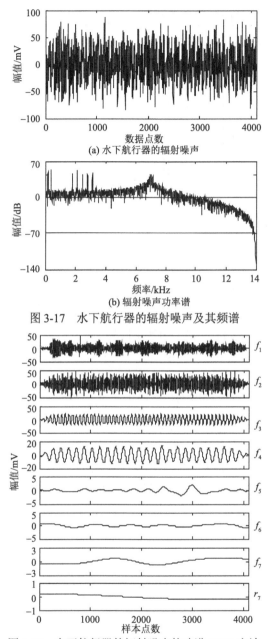

(a) 水下航行器的辐射噪声

(b) 辐射噪声功率谱

图 3-17　水下航行器的辐射噪声及其频谱

图 3-18　水下航行器的辐射噪声的改进 EMD 方法

量个数多，能量分散，传统 EMD 方法得到的 IMF 分量出现了很多虚假成分。究其原因，发现传统 EMD 方法在分解过程中，由于边界扰动产生的端点效应和间歇性的影响，使得随着分解的进行，误差由端点处向内逐渐传播，中间分量的波动偏离实际，从而使分解后得到的 IMF 分量失去了意义。然而在改进 EMD 方法中，通过加窗可以将原始信号两端的数据进行幅值压缩，结合相邻叠加的 IMF 分量处理方法，从而将边界扰动的可能性降低，尽可能地减少了模态混叠的影响。

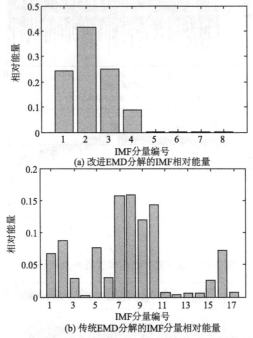

(a) 改进EMD分解的IMF相对能量

(b) 传统EMD分解的IMF分量相对能量

图 3-19　改进 EMD 与传统 EMD 分解的 IMF 分量能量分布

图 3-20 为图 3-18 中的前 4 个 IMF 分量的频谱，从图中可以看出，第 1 个 IMF 分量 f_1 的频谱的峰值能量集中在 7kHz 附近，正好与背景噪声相对应；第二个 IMF 分量 f_2 的频谱包含了水下航行器的 5 个高频线谱 $f_{03} \sim f_{07}$；第三个和第四个 IMF 分量 f_3、f_4 的频谱分别对应两个低频线谱 f_{02} 和 f_{01}。这些明显的频率特征也为线谱检测提供了依据。

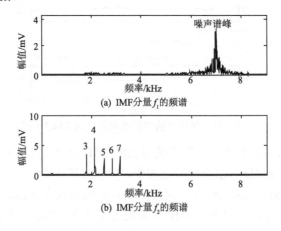

(a) IMF分量 f_1 的频谱

(b) IMF分量 f_2 的频谱

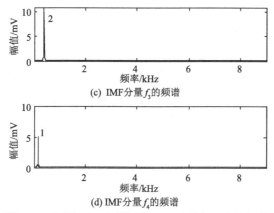

(c) IMF 分量 f_3 的频谱

(d) IMF 分量 f_4 的频谱

图 3-20 与图 3-18 中前四个 IMF 分量相对应的频谱

图 3-20 中频谱的分布正好符合式（3-23）中 IMF 分量 $f_i(t)$ 频率从大到小排列的规律，根据这个特点，提出时空滤波分析：若去掉若干个高频 IMF 分量后再以剩余分量重构信号，则相应于低通滤波；若去掉若干个低频 IMF 分量后再以剩余分量重构信号，则相应于高通滤波；若同时去掉若干个高频和低频 IMF 分量后再以剩余分量重构信号，则相应于带通滤波。

对一个能分解为 n 个 IMF 分量的信号 $x(t)$，则有

低通滤波为

$$x_{LF}(t) = \sum_{j=k}^{n} f_j(t) + r_n(t) \qquad (3-32)$$

高通滤波为

$$x_{HF}(t) = \sum_{j=1}^{k} f_j(t) \qquad (3-33)$$

带通滤波为

$$x_{BF}(t) = \sum_{j=k}^{h} f_j(t) \qquad (3-34)$$

结合图 3-18 和图 3-20，根据上面分析可知，第一个 IMF 分量为水下航行器辐射噪声信号中包含的背景噪声，根据式（3-32）去除第一个 IMF 分量后得到的低通滤波信号为 $x(t) = \sum_{i=2}^{7} f_i(t) + r_7(t)$，对应的功率谱如图 3-21 所示。对比图 3-21 与图 3-20（b）可以看出，由于滤除了水声环境背景噪声，图 3-21 中的线谱特征能够明显地提取出来，这说明通过改进 EMD 后，背景噪声和信号分量都可以有效地加以分离。

进一步计算分析可知，随着信噪比 SNR 的减小，当 SNR = −3dB 时，改进 EMD 方法仍然可以有效地分离出背景噪声，为水下航行器辐射噪声的特征提取提供一条新途径。

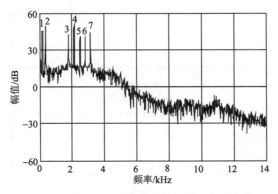

图 3-21　改进 EMD 滤波后的辐射噪声功率谱

3.5　集成信号处理方法的水声信号分析

在复杂的海洋环境中进行被动目标检测时，一方面由于水声信道的复杂多变以及水声信号传播的多途效应，使水声信号往往呈现出非高斯性、非平稳性、非线性的"三非"性质；另一方面远程的水声目标辐射噪声受背景噪声的干扰，使得接收到的水声目标信号必然是一个低信噪比信号。这些现状给信号处理带来了难度。因此，到目前为止还没有一种单一的信号处理方法能解决所有水声的问题。根据优势互补的原则，在水声信号处理中，可以同时将多种信号处理方法的优势相结合，从而构成集成信号处理。

面对水声信号中的各种困难，本章提出利用集成信号处理的思想来克服单一信号处理方法的不足之处，从而提高其处理性能。

3.5.1　集成多个经验模式分解的特征提取研究

EMD 作为一种自适应时间-频率信号分析方法，虽然自问世以来已经被各领域学者成功地用于处理多种非线性、非平稳信号，但在实际应用中仍存在一些没有解决的问题。EMD 最主要的缺点就是当复杂信号中存在中断或跳动时，单一的EMD 方法无法获取真实的信号特征成分。中断或跳动不但使分解得到的 IMF 分量失去了物理意义，而且也干扰了后续分析的结果。为了避免这些发生，Huang 提出了中断检测，通过观察分解结果，一旦发现无意义的分解分量，就挑选适合中断部分的尺度，用该尺度将中断部分过滤掉，再回归正常的 EMD。虽然此种中断检测的效果很好，但这种方法本身也存在问题：

（1）中断检测需要人为挑选出用于过滤中断信号的尺度，因此 EMD 就不再具有自适应性。

（2）中断检测的过程中极有可能滤除掉包含信号潜在物理意义（如瞬态信号等）的尺度，使得 EMD 这种以尺度分离为特点的信号处理方法失去效用。

传统的噪声包络解调（detection of envelope modulation on noise, DEMON）谱分析方法是通过 Hilbert 变换获取辐射噪声的动态调制信号，然后利用傅里叶变换提取其基频和齐次谐波。这种方法存在稳定性差、精度低和抗噪性差的缺点[17]。

为了克服单一 EMD 方法和传统的 DEMON 谱分析方法处理实际的水声信号时存在的不足，同时将集成经验模式分解（ensemble empirical mode decomposition, EEMD）解决非平稳、非线性问题和 DEMON 谱提取调制信息的优势相结合，本章提出一种新的基于 EEMD 和 DEMON 谱的辐射噪声特征提取模型。

1. 集成经验模式分解

EEMD 的基本思想为给信号加进高斯白噪声成为由信号和噪声组成的一个"总体"，加进信号的白噪声将遍布整个时频空间，与被滤波器组分离的不同尺度分量相一致。当信号加在这些一致分布的白色背景上时，不同尺度的信号自动地映射到合适的参考尺度上。根据零均值高斯白噪声的特性，利用多个"总体"的平均使其中的噪声互相抵消的特征，使真实信号得以保留。该方法能够克服模式混叠，从而使信号中隐含的各个尺度清晰地分解开来[18]。EEMD 算法流程如表 3-3 所示。

表3-3　EEMD 算法流程

算法流程	
输入：	目标信号 $x(t)$
	N 组白噪声 $w_i(t)$，　$i=1,2,\cdots,N$
	基本经验模式分解算法　EMD
计算：	循环 for $i=1$ to N
	$X_i(x) = \mathrm{emd}(x(t)+w_i(t))$
	$\displaystyle = \sum_{j=1}^{n} f_{i,j}(t) + r_i(t)$
输出：	相应的 IMF 的均值
	$\displaystyle f_j(t) = \frac{1}{N}\sum_{i=1}^{N} f_{i,j}(t)$

下面用一个仿真信号对 EEMD 方法的有效性进行验证。在仿真信号中，采样频率为 5Hz，将 256 个点的瞬态冲击信号 x_1 加入到 512 个点的正弦信号 x_2 中，构成含冲击的正弦信号 s，如图 3-22 所示。

测试利用 EEMD 方法从 s 中提取微弱的冲击信号的效果。x_1 和 x_2 的表达式如下：

$$x_1(t) = (1-\exp(-0.5t))\exp(-0.05t)\sin(2\pi \cdot 0.4 \cdot t) \quad (3\text{-}35)$$

$$x_2(t) = 2\cos(2\pi \cdot 0.1 \cdot t) \quad (3\text{-}36)$$

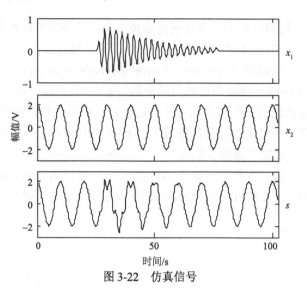

图 3-22　仿真信号

仿真信号经过单一 EMD 分解后，得到的前 4 个 IMF 分量 $f_1 \sim f_4$ 如图 3-23 所示，可以看出，由于瞬态中断信号的影响，使得单一 EMD 的分解过程失真，原始信号 s 中的两个分量被分解到前 2 个 IMF 分量中，发生了严重失真现象。

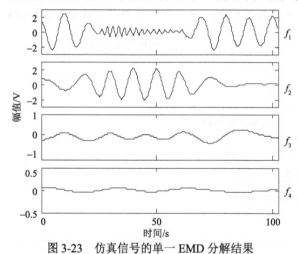

图 3-23　仿真信号的单一 EMD 分解结果

图 3-24 为在原始信号 s 中加入 30 组噪声后的 EEMD 分解结果，噪声 $w_i(t)$ 为标准差为 0.02 的高斯噪声。由分解结果可以看出，前 2 个 IMF 分量已经较好地从 s 中分离出了两个真实分量，瞬态冲击信号 x_1 被有效地提取并处理。EEMD 的分解结果和单一 EMD 的分解结果相比，有了巨大的改观。

2. 噪声包络解调谱

反映舰船等水声目标辐射噪声节奏信息的是调制谱特征分析，也就是通常所

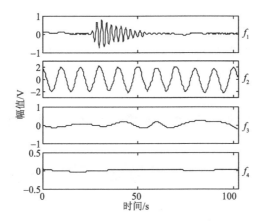

图 3-24　仿真信号的 EEMD 分解结果

说的 DEMON 谱分析，其处理流程如图 3-25 所示。对滤波后的辐射噪声进行包络解调，对解调结果进行谱分析，从而提取频率特征。

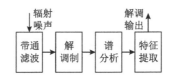

图 3-25　辐射噪声信号 DEMON 谱分析处理流程

3. 水声目标辐射噪声特征提取分析

本章提出的辐射噪声特征提取模型的主要过程为将采集的水声目标辐射噪声通过 EEMD 后，得到 n 个 IMF 分量，然后选取合适的分量 f_i 进行 Hilbert 包络解调分析，即可得到辐射噪声的真实特征频率。

下面以实测的某舰船的辐射噪声为例，对辐射噪声特征提取模型进行验证。辐射噪声信号的采样频率 $f_s = 8\text{kHz}$，采样时间 $t = 0.512\text{s}$，真实的舰船只在 $0.128 \sim 0.256\text{s}$ 时间段内出现，时域波形图如图 3-26 所示。

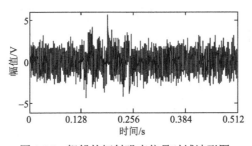

图 3-26　舰船的辐射噪声信号时域波形图

根据表 3-3 中的 EEMD 算法流程，设定白噪声 $w_i(t)$ 的组数 N 为 50，其标准差为 0.02。利用 EEMD 算法对图 3-26 中的辐射噪声进行分解，得到的前 6 个 IMF 分量 $f_1 \sim f_6$ 如图 3-27 所示。

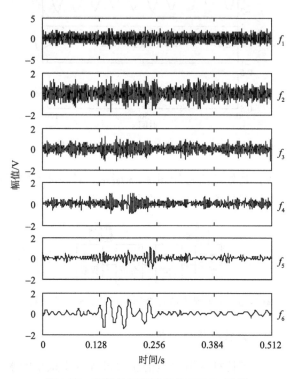

图 3-27 舰船的辐射噪声的 EEMD 结果

从图 3-27 的第 6 个 IMF 分量中可以看出，在 0.128s 和 0.256s 有瞬态信号出现，这也是目标出现的时间段，与实际相符。这说明 EEMD 算法不仅可以从强噪声背景中提取出目标信号，还可以定位目标出现的时刻。进一步分析发现，当利用单一 EMD 对该辐射噪声进行分解后，分解结果中存在严重的分解失真，而 EEMD 算法避免了这种现象的发生。

按照图 3-25 中的处理流程，对分解得到的第 6 个 IMF 分量进行 DEMON 谱分析，得到的 DEMON 谱如图 3-28 所示。可以看出，DEMON 谱将辐射噪声中的特征频率 $f_0 = 1.95\text{Hz}$ 和主调制频率 $f_1 = 21.48\text{Hz}$ 明显地提取出来，而低频 f_0 也正好与该舰船的螺旋桨轴频一致。这说明经过本章提出的方法分析后，辐射噪声的轴频特征能够很好地被提取出来。

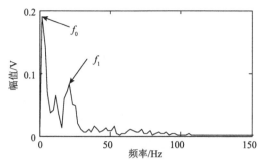

图 3-28　第 6 个 IMF 分量的 DEMON 谱

3.5.2　集成第二代小波变换和经验模式分解的特征提取研究

由于单一的水声信号处理方法难以准确提取远程目标微弱的辐射噪声信号的特征，为了解决该问题，同时将 SGWT 提高微弱信号信噪比和改进的 EMD 解决非平稳、非线性问题的优势相结合，本章提出一种新的组合，SGWT、EMD 和 Hilbert 包络解调分析的水声目标辐射噪声特征提取模型。

本章提出的水声目标辐射噪声特征提取模型如图 3-29 所示。采集的水声目标辐射噪声经过 SGWT 滤波后，通过 EMD 得到 n 个 IMF 分量，然后计算每个 IMF 分量的瞬时频率 ω，利用滑动矩形时间窗同时对 n 个 ω 进行判断，将原始 IMF 分量变成相邻叠加的 IMF 分量，最后对每个相邻叠加的分量 f_{Ck} 进行 Hilbert 包络解调分析，从而提取辐射噪声的真实特征频率。

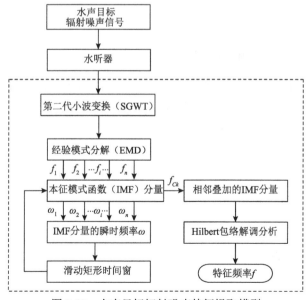

图 3-29　水声目标辐射噪声特征提取模型

1. 滤波性能分析

下面以实测的某舰船辐射噪声为例，对图 3-29 中的辐射噪声特征提取方法进行验证。辐射噪声信号的采样频率 $f_s = 8\mathrm{kHz}$，采样时间 $t = 0.512\mathrm{s}$，时域信号波形如图 3-30 中的 S 所示。S_1 和 S_2 分别为 S 经过第一代小波变换和 SGWT 滤波后的滤波信号，可以看出，S_2 比 S_1 更为光滑，代表噪声成分的毛刺更少，说明 SGWT 对辐射噪声的滤波效果优于第一代小波。

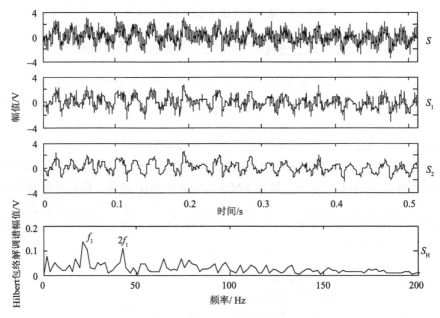

图 3-30　辐射噪声和滤波信号及其 Hilbert 包络解调谱

利用传统的 Hilbert 包络解调方法对滤波信号 S_2 进行分析，得到的 Hilbert 包络解调谱如图 3-30 中的 S_H 所示，可以看出，传统的 Hilbert 包络解调方法只能将辐射噪声的调制频率 $f_1 = 21.48\mathrm{Hz}$ 及其 2 倍频提取出来，而无法获取更低频率的螺旋桨轴频和其他调制频率信息，这说明直接对滤波后的信号进行 Hilbert 包络解调分析获取的信息有限。因此，有必要利用新的信号处理方法更进一步地对原始滤波信息进行本质信息挖掘。

2. 相邻叠加的本征模式分量提取

按照图 3-29 中的辐射噪声特征提取方法，利用 EMD 对经过 SGWT 滤波后的信号 S_2 进行分解，得到的前 5 个 IMF 分量 $f_1 \sim f_5$ 如图 3-31 所示。

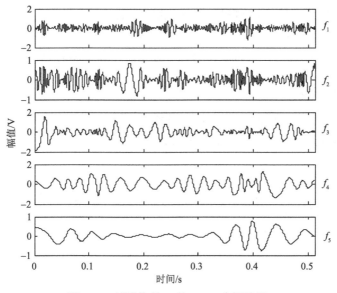

图 3-31　滤波信号 S_2 的 EMD 分解结果

图 3-32 为图 3-31 中 $f_1 \sim f_5$ 对应的瞬时频率 $\omega_1 \sim \omega_5$。

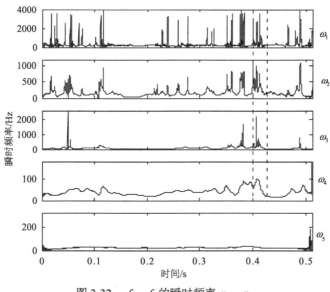

图 3-32　$f_1 \sim f_5$ 的瞬时频率 $\omega_1 \sim \omega_5$

根据相邻叠加的 IMF 分量处理方法的步骤,对 $\omega_1 \sim \omega_4$ 同时加一个长度为 0.025s 的矩形窗(由两条虚线表示)沿时间轴滑动,可以看出在 0.4s 时刻处的窗内，$\omega_1 \sim \omega_4$ 都发生了跳变，故将与 $\omega_1 \sim \omega_4$ 相对应的 $f_1 \sim f_4$ 进行叠加，即有 $f_{C1} = f_1 + f_2 + f_3 + f_4$（如图 3-33 中的 f_{C1} 所示）。f_5 对应的 ω_5 在整个时间段内变换比较平稳，没有发生大的波动，故可以作为一个独立的相邻叠加的 IMF 分量 $f_{C2} = f_5$。

3. 包络解调分析

从舰船辐射噪声中提取出真实的 IMF 分量 f_{C1} 和 f_{C2} 后，分别对它们进行 Hilbert 包络解调分析，如图 3-33 和图 3-34 所示。

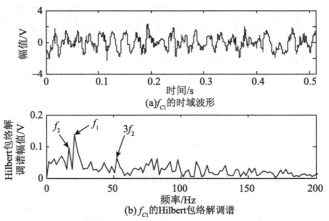

图 3-33　f_{C1} 的时域波形及其 Hilbert 包络解调谱

从图 3-33 中可以看出，f_{C1} 的 Hilbert 包络解调谱 S_{H1} 将辐射噪声的主调制频率 $f_1 = 21.48\text{Hz}$、次调制频率 $f_2 = 17.58\text{Hz}$ 及其 3 倍频都被提取出来，获取的信息比图 3-30 中直接利用 Hilbert 包络解调谱方法分析原始滤波信号所获取的信息更为丰富。

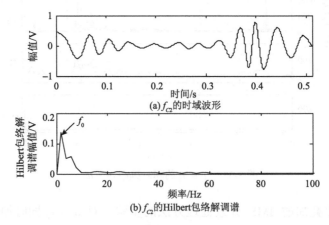

图 3-34　f_{C2} 的时域波形及其 Hilbert 包络解调谱

图 3-34 中 f_{C2} 的 Hilbert 包络解调谱 S_{H2} 将辐射噪声中的特征频率 $f_0 = 1.95\text{Hz}$ 明显地提取了出来，而低频 f_0 与该舰船的螺旋桨轴频一致。这说明传统的 Hilbert 包络解调方法无法获取的低频段的轴频特征，经过本章提出的方法分析后，能够很好地被提取出来。

进一步分析轴频 f_0 与主调制频率 f_1 和次调制频率 f_2 的关系，发现 f_1 和 f_2 分别为 f_0 的 11 倍频和 9 倍频，而且 f_1 与 f_2 的差频正好是 f_0 的 2 倍。参考这些辐射噪声特征，能够有效地推算出舰船的螺旋桨轴频、叶片频、叶片数等固有特征，为水声目标远程被动检测和识别提供了可靠的依据。

3.6 基于变分模态分解的非线性水声信号分析

3.6.1 变分模态分解的基本原理

变分模态分解（variational mode decomposition，VMD）算法是继经验模式分解（EMD）、集成经验模式分解（EEMD）等方法之后，于 2014 年由 Dragomiretskiy 等[19]提出的一种新的非递归式的时频分析方法，也同样适用于分析和处理非线性、非平稳随机信号。与传统的递归方式分解不同，VMD 通过迭代搜寻变分模型的最优解来实现目标信号的自适应分解，从而确定每个 IMF 分量的中心频率及带宽。与 EMD 和 EEMD 等方法相比，VMD 算法不仅理论知识坚实，在抑制模态混叠以及抗噪声干扰上更为优异，因此广泛应用于故障诊断等领域[12,20]。

VMD 算法的实质是通过搜寻约束变分模型的最优解，从而将原信号分解成若干 IMF 分量。与 EMD 对 IMF 分量定义不同，在 VMD 算法中，IMF 分量被定义为如下式的调频–调幅信号：

$$u_k(t) = A_k(t)\cos(\phi_k(t)) \tag{3-37}$$

式中，$A_k(t)$ 为瞬时幅值；$\phi_k(t)$ 的导数 $\omega_k(t)$ 为 IMF 分量的瞬时频率。其中 IMF 分量 $u_k(t)$ 需满足三个条件：①幅值 $A_k(t) \geqslant 0$；②瞬时频率 $\phi_k'(t) \geqslant 0$；③ $A_k(t)$ 和 $\phi_k'(t)$ 相对于相位 $\phi_k(t)$ 来说是缓变的。而满足上述三个条件的 IMF 分量同时也满足 3.4 节中 EMD 算法所定义的 IMF 分量的条件[19]。

VMD 算法假设 IMF 分量 $u_k(t)$ 具有中心频率和有限带宽，为了使分解的 IMF 分量估计带宽的总和最小，所获得约束变分问题为

$$\begin{cases} \min\limits_{\{u_K\}\{\omega_K\}} \left\{ \sum_{K=1}^{K} \left\| \partial t \left[\left(\delta(t) + \frac{\mathrm{j}}{\pi t} \right) * u_K(t) \right] \mathrm{e}^{-\mathrm{j}\omega_K t} \right\|_2^2 \right\} \\ \mathrm{s.t.} \sum_{K=1}^{K} u_K = f \end{cases} \tag{3-38}$$

式中，K 代表 IMF 分量的数量；f 为输入的信号；$\{u_K\} = \{u_1, u_2, u_3, \cdots, u_K\}$ 表示分解得到的 K 个有限带宽的 IMF 分量；$\{\omega_K\} = \{\omega_1, \omega_2, \omega_3, \cdots, \omega_K\}$ 表示各个 IMF 分量中心频率。

为了解决上述约束性变分问题，Dragomiretskiy 引入了惩罚因子 α 和 Lagrange 算子 λ，将式（3-38）从约束性变分问题变为求解增广 Lagrange 函数"鞍点"问题，由此得到增广 Lagrange 表达式为

$$\begin{aligned} L(\{u_K\}, \{\omega_K\}, \lambda) = &\alpha \sum_{K=1}^{K} \left\| \partial t \left[\left(\delta(t) + \frac{\mathrm{j}}{\pi t} \right) * u_K(t) \right] \mathrm{e}^{-\mathrm{j}\omega_K t} \right\|_2^2 \\ &+ \left\| f(t) - \sum_{K=1}^{K} u_K(t) \right\|_2^2 + \left\langle \lambda(t), f(t) - \sum_{K=1}^{K} u_K(t) \right\rangle \end{aligned} \tag{3-39}$$

引入交替方向乘子算法求取式（3-39）中的"鞍点"得到估计的 u_K 及相应的 ω_K。算法中 IMF 分量 u_K、中心频率 ω_K 以及 Lagrange 算子 λ 更新表达式如式（3-40）～式（3-42）所示：

$$\hat{u}_K^{n+1}(\omega) = \frac{\hat{f}(\omega) - \sum_{i>K} \hat{u}_i^{n+1}(\omega) - \sum_{i>K} \hat{u}_i^n(\omega) + \frac{\hat{\lambda}^n(\omega)}{2}}{1 + 2\alpha\left(\omega - \omega_K^n\right)^2} \tag{3-40}$$

$$\omega_K^{n+1} = \frac{\int_0^\infty \omega \left| \hat{u}_K^{n+1}(\omega) \right|^2 \mathrm{d}\omega}{\int_0^\infty \left| \hat{u}_K^{n+1}(\omega) \right|^2 \mathrm{d}\omega} \tag{3-41}$$

$$\hat{\lambda}^{n+1}(\omega) = \hat{\lambda}^n(\omega) + \tau \left[\hat{f}(\omega) - \sum_K \hat{u}_K^{n+1}(\omega) \right] \tag{3-42}$$

因此 VMD 算法具体的实现流程如下：

（1）初始化 IMF 分量 $\{u_K^1\}$、中心频率 $\{\omega_K^1\}$ 以及 Lagrange 算子 λ^1，并设定 $n=0$。

（2）进入 VMD 算法主体循环，$n = n+1$。

（3）根据式（3-40）和式（3-41）更新 $\{u_K^i\}$ 与 $\{\omega_K^i\}$，直至达到预设的分解层数。

（4）根据式（3-42）更新 Lagrange 算子 λ。

（5）重复上述步骤，直到满足迭代停止条件，即

$$\sum_K \left\| \hat{u}_K^{n+1} - \hat{u}_K^n \right\|_2^2 \Big/ \left\| \hat{u}_K^2 \right\|_2^2 < r \qquad （3-43）$$

式中，r 为设定阈值。

（6）最后，将经过以上步骤所得到的 $\hat{u}_k(\omega)$ 通过傅里叶逆变换得到 $u_k(t)$，VMD 算法将信号分解得到 K 个 IMF 分量。

3.6.2 变分模态分解参数制定解决方案

在 VMD 算法中，分解层数 K 以及惩罚因子 α 的取值会影响 VMD 算法解析信号的效果。当分解层数 K 恒定而惩罚因子 α 过小时，等效维纳滤波器的带宽变宽，导致所分解的分量包含较多干扰噪声；当惩罚因子 α 恒定而分解层数 K 过大时，等效维纳滤波器的带宽会随之变窄，从而丢失所包含的关键信息。人为设定参数具有盲目性以及随机性，会影响 VMD 算法解析信号的性能，因此如何克服人为设定参数带来不稳定性问题以及如何选择分解层数 K 和惩罚因子 α 最优参数搭配成为 VMD 算法中急需解决的问题，本章就这一问题基于粒子群优化算法提供了一种参数制定解决方案。

1. 粒子群优化算法原理

粒子群优化 （particle swarm optimization，PSO）算法最早是由 Kennedy 和 Eberhart 于 1995 年提出[21]，源于对鸟群觅食行为的研究。粒子群优化算法是一种群体智能的优化算法，具有运算速度快、寻优性能好等特点。它将每个粒子的当前位置看作是优化问题的一个候选解，粒子的飞行过程看为个体对问题的解搜索过程，从而根据个体粒子位置最优值 pbest 以及群体粒子位置最优值 gbest 更新种群中每个粒子的位置以及速度，粒子位置与速度更新公式如下：

$$\begin{cases} v_{id}^k = wv_{id}^{k-1} + c_1 r_1 \left(\text{pbest}_{id} - x_{id}^{k-1} \right) + c_2 r_2 \left(\text{gbest}_d - x_{id}^{k-1} \right) \\ x_{id}^k = x_{id}^{k-1} + v_{id}^{k-1} \end{cases} \qquad （3-44）$$

式中，v_{id}^k 为第 k 次迭代粒子 i 速度矢量的 d 维分量；w 为惯性因子；c_1 与 c_2 为加速度常数；r_1 与 r_2 为随机函数；x_{id}^k 为第 k 次迭代粒子位置矢量的 d 维分量。从而迭代运算直至满足迭代次数条件，进而求解出问题的最优解。

粒子群优化算法步骤如下：

（1）初始化一群粒子组成粒子群，每个粒子具有位置 $x_i = (x_{i1}, x_{i2}, \cdots, x_{iD})$ 和速度 $v_i = (v_{i1}, v_{i2}, \cdots, v_{iD})$ 两项指标，其中 D 代表 D 维空间。

（2）计算粒子群在当前位置下每个粒子的适应度函数，得到每个粒子的适应度 $\text{pbest}_i = (p_{i1}, p_{i2}, \cdots, p_{iD})$ 以及群体最优值 gbest。

（3）根据式（3-44）更新种群中粒子的位置与速度。

（4）重复步骤（2）和（3），直至满足全局最优化目标或者达到迭代次数。

（5）输出寻优问题的最优解。

2. 基于粒子群优化算法的变分模态分解参数制定策略

粒子群优化算法是一种群体智能的优化算法，有利于解决分解层数 K 以及惩罚因子 α 参数制定问题，本章选用粒子群优化算法实现分解层数 K 以及惩罚因子 α 最优值的求解，提出一种基于参数优化的 VMD 算法，以解决 VMD 算法中的参数制定问题。

已知在粒子群优化算法中，需要首先指定一个适应度函数，种群中每个粒子每次更新位置与速度都要计算一次适应度，从而选出此次求解中的个体极值与全局极值，并再次更新粒子的位移与速度。信号的稀疏性可以利用信息熵来评价，变量不确定性越大，信息熵越大，求解问题所需信息量越多；反之，变量不确定性越小，信息熵越小，求解问题所需信息量越少。利用 Hilbert 包络解调，可以从原始信号中提取出包络信号，由包络信号计算所得到的信息熵称为包络熵，包络熵 E_e 计算公式如下所示[22,23]：

$$\begin{cases} E_e = -\sum_{j=1}^{N} p_j \lg p_j \\ p_j = a(j) \bigg/ \sum_{j=1}^{N} a(j) \end{cases} \tag{3-45}$$

式中，p_j 为 $a(j)$ 的归一化形式；$a(j)$ 为原始信号经过 Hilbert 包络解调后得到的包络信号。

使用 VMD 算法可以将舰船辐射噪声信号解析成若干个 IMF 分量 u_K，如果 IMF 分量中包含的螺旋桨线谱分量越多，则分量中所包含的周期性振动信号越多，IMF 分量表现为强稀疏性，通过计算得到的包络熵就越小；反之，IMF 分量表现为弱稀疏性，通过计算得到的信息熵就会越大（如含噪声较多的模态）。

因此，在粒子群优化算法中，将所需要寻优求解的分解层数 K 以及惩罚因子 α 参数作为粒子的位移，种群中的粒子 i 在一次运动之后处于某一位置 $x_i(K_i, a_i)$，以粒子 i 在位置 x_i 下的参数 K_i 与 α_i 作为 VMD 算法的输入参数，利用 VMD 算法将信号分解成为若干 IMF 分量 $u_{ik}(k=1,2,\cdots,K)$，并计算所得到的所有 IMF 分量的包络熵值 E_{eik}，然后将最小的包络熵值称为局部极小包络熵值 E_{eimin}，拥有局部极小包络熵值的 IMF 分量是当前粒子位置下包含螺旋桨调制线谱特征信息最丰富的分量，将该分量称为局部最优分量。为了得到全局最佳分量，在粒子群优化算法中，将局部极小包络熵值 E_{eimin} 作为适应度值，以 E_{eimin} 最小化作为寻优目标，最终得出包含辐射噪声信号调制信息最丰富的 IMF 分量，并且得出对应的粒子位置 $x_{best}(K_{best}, \alpha_{best})$。具体算法步骤如下：

（1）初始化粒子群优化算法参数，选取 IMF 分量的包络熵作为适应度函数，以局部极小包络熵值 E_{eimin} 最小化作为寻优目标；

（2）以待寻优参数作为粒子的位置 $x(K, \alpha)$，设定粒子的位置范围与速度范围，初始化粒子种群并随机初始化种群中各粒子位置与速度；

（3）当种群中粒子 i 的位置为 $x_i(K_i, \alpha_i)$ 时，利用 VMD 算法解析信号并计算所得 IMF 分量的包络熵，选取其中局部极小包络熵值 E_{eimin} 作为粒子 i 适应度函数值；

（4）对比种群中各粒子的适应度函数值，更新种群的个体粒子位置最优值 pbest 和群体粒子位置最优值极值 gbest；

（5）将所得的个体粒子位置最优值 pbest 和群体粒子位置最优值 gbest 代入公式（3-44）中，更新种群中各粒子的位置与速度；

（6）粒子群优化算法重复步骤（3）～（5）迭代求解，直至满足全局极值收敛或达到最大迭代次数得出最优适应度值以及对应的粒子位置 $x_{best}(K_{best}, \alpha_{best})$，输出最优分解层数 K_{best} 与惩罚因子 a_{best} 参数。

基于粒子群优化算法的 VMD 参数制定策略流程图如图 3-35 所示。

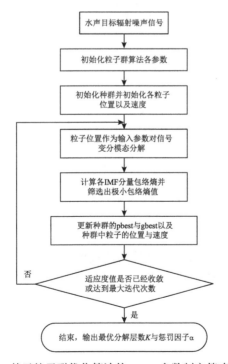

图 3-35　基于粒子群优化算法的 VMD 参数制定策略流程图

3.6.3 基于变分模态分解的辐射噪声特征提取研究

针对复杂海洋背景下舰船辐射噪声提取困难这一问题,本章提出一种基于 VMD 的辐射噪声调制特征提取方案:首先利用粒子群优化算法迭代搜寻 VMD 所需的人为制定参数,解决人为制定参数具有随机性的问题;再利用 VMD 算法将信号分解为 n 个 IMF 分量,计算每个 IMF 分量的包络熵值并选取对应最小包络熵值的 IMF 分量作为待分析的最优 IMF 分量;然后对最优 IMF 分量进行 Hilbert 包络解调分析,获得包络信号;最后基于 3.2 节中的高阶谱理论,对包络信号进行 1(1/2)维谱分析,抑制高斯背景噪声并加强螺旋桨基频成分。基于 VMD 的舰船辐射噪声特征提取具体流程如图 3-36 所示。

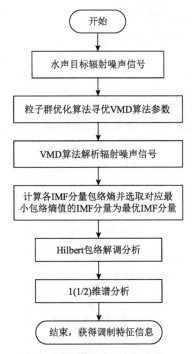

图 3-36 基于 VMD 的舰船辐射噪声特征提取流程图

以 2.3.2 小节中的 C 类水面舰的实测辐射噪声为例,对本章提出的特征提取方法进行验证,辐射噪声采样频率 $f_s = 8\text{kHz}$,辐射噪声的时域波形如图 3-37 所示。

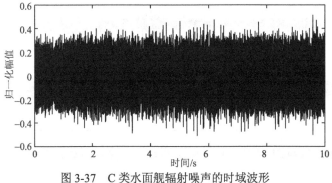

图 3-37　C 类水面舰辐射噪声的时域波形

由于存在海洋背景噪声的干扰，利用传统的 Hilbert 包络解调方法无法从原始辐射噪声信号中显著提取出轴频成分，如图 3-38 所示。

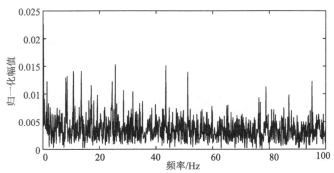

图 3-38　C 类水面舰辐射噪声信号 Hilbert 包络解调谱

因此，采用基于 VMD 算法的辐射噪声特征提取方法进行轴频成分的提取。图 3-39 是粒子群算法结果，由图可知，粒子群算法在第 8 次迭代之后收敛，最终由粒子群算法寻优得到 VMD 算法最优分解层数为 6 层，最优惩罚因子为 6000。采用最优参数搭配作为 VMD 算法的输入参数，并利用 VMD 算法对辐射噪声信号进行分解得到 6 个 IMF 分量 $f_1 \sim f_6$ 如图 3-40 所示。

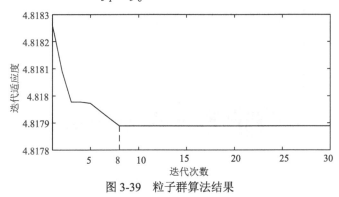

图 3-39　粒子群算法结果

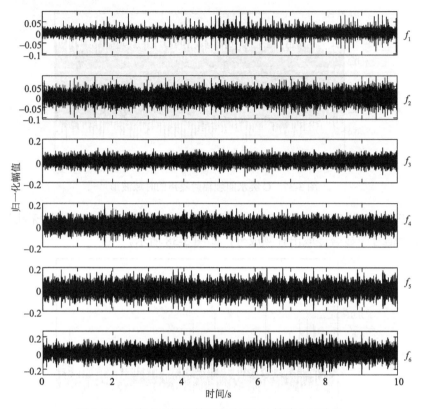

图 3-40 C 类水面舰辐射噪声的 VMD 算法分解结果

按照图 3-36 中的处理流程，依次计算所得的 6 个 IMF 分量的包络熵并选取对应最小包络熵值的 IMF 分量作为最优分量，对最优分量进行 Hilbert 包络解调谱与 1 (1/2) 维谱分析得到的结果如图 3-41 和图 3-42 所示。可以看出，经过 VMD 算

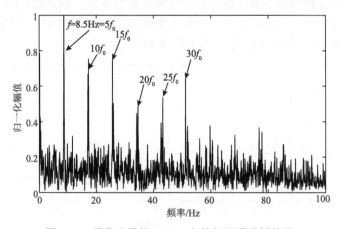

图 3-41 最优分量的 Hilbert 包络解调谱分析结果

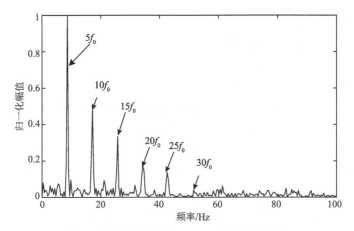

图 3-42　最优分量的 1（1/2）维谱分析结果

法处理之后，辐射噪声中的调制线谱的 5 倍频 8.5Hz 及倍频已经被明显提取出来，经过 1（1/2）维谱分析之后，背景噪声得到了有效的抑制，调制特征突出，这说明经过本章提出的方法分析后，舰船辐射噪声信号中的调制特征能够很好地被提取出来。

3.7　小结

　　传统的信号处理方法是基于信号和噪声是线性、平稳性的高斯随机过程这一假设的，事实上，由于水声信号中"三非"问题的存在以及随着水声目标减振降噪性能的提高，基于傅里叶变换的传统信号处理方法很难准确地提取出远程微弱的水声目标辐射噪声特征，因此必须将新的信号处理理论和技术应用到实际工程中，以提取到稳定可靠的水声目标特征，从而保证目标检测和参量估计等后续工作的顺利开展。本章研究利用基于高阶统计性理论的高阶谱来解决水声信号中的非高斯性问题；提出利用 SGWT 来处理水声信号中的非平稳问题；提出利用 EMD 方法来解决水声信号中的非线性、非平稳问题，并研究两种相应的改进算法。为了提取瞬态和微弱的辐射噪声特征，提出两种集成信号处理方法：EEMD 的特征提取方法和集成 SGWT 和 EMD 的特征提取方法。为了解决 EMD 与 EEMD 等传统递归式分解方法容易出现模态混叠端点效应等问题，采用 VMD 来解决水声信号中的非线性、非平稳问题，并针对 VMD 参数需要人为指定问题，提出一种参数自动制定策略。分别用仿真信号和实测的舰船、水下航行器等水声目标辐射噪声信号对这些新型的水声信号处理方法进行了验证，得到以下结论。

　　（1）基于高阶统计量的 1（1/2）维谱安全抑制了舰船辐射噪声中的非相位耦合的谐波项和高斯噪声，能够增强反映辐射噪声线谱特征的主要基频成分，因此使得从非高斯噪声中提取的线谱特征更为显著。

（2）基于提升策略的第二代小波与第一代小波的滤波性能相比，尽管两个小波变换都能够将舰船辐射噪声中低频部分的基频及其谐波提取出来，但是第二代小波将高频噪声处理得更为干净，而且它的计算效率为第一代小波的 6 倍。构造的第二代小波包将辐射噪声分解到了相互独立的子频带内，每个子频带内的信号都具有一定的能量，它们能够真实反映水声目标的动态信息。

（3）证明了加窗 EMD 是传统 EMD 方法的一种推广形式，基于 Blackman 窗函数的边界处理方法优于传统的基于延拓的边界处理方法，有效地克服了端点效应的影响，从而在自适应分解过程中得到正确的 IMF 分量。将这些 IMF 分量加以组合，可以有效地实现低通、带通和高通等多种滤波器的功能，从而滤除水声信号中的背景噪声，为线谱增强和特征提取提供了一条新途径。

（4）提出的相邻叠加的 IMF 分量处理方法克服了水声信号中间歇性或噪声对分解过程的影响，避免了传统 EMD 中的模态混叠现象，从而有效地提取出真实的模式分量。计算 IMF 分量的相对能量，可以观测水下航行器辐射噪声信号子频带的能量分布情况。进一步对这些分量作 FFT 计算，能够有效地提取出水下辐射噪声的频率特征。

（5）提出的水声目标辐射噪声特征提取新方法结合了 EEMD 解决非平稳、非线性问题和 DEMON 谱提取调制信息的优势，能够克服单一 EMD 方法和传统的 DEMON 谱分析方法处理实际水声信号时存在的不足。仿真和实测数据表明，该方法不仅能有效地提取出瞬态信号和稳定可靠的舰船特征，而且还可以定位目标出现的时刻。

（6）集成 SGWT 和 EMD 的特征提取新方法同时将 SGWT 提高微弱信号信噪比和改进的 EMD 解决非平稳、非线性问题的优势相结合，不仅能有效地提取出稳定可靠的舰船螺旋桨轴频及其调制频率特征，而且 SGWT 具有较好的滤波性能，改进的 EMD 能够克服常规 EMD 方法的不足。这些稳定的辐射噪声特征信息能够为远程微弱的水声目标被动检测和识别提供可靠的依据。

（7）VMD 算法在抑制模态混叠以及端点效应方面，相比于 EMD 算法和 EEMD 算法具有更好的性能，对噪声也具有较好的鲁棒性。本章针对 VMD 算法中的参数设定问题，提出一种基于粒子群优化算法以及包络熵的参数制定方案，可以解决人为设定参数的盲目性和随机性，利用粒子群优化算法求解的最优参数搭配作为 VMD 算法的输入参数，可以使得 VMD 算法能从辐射噪声信号中有效地提取出水下辐射噪声的特征。

参 考 文 献

[1] 李启虎. 水声信号处理领域新进展[J]. 应用声学, 2012, 31(1): 2-9.

[2] Lu W, Bo L. Envelope spectrum analysis of underwater target radiated noise based on harmonic wavelet[C]. IEEE International Conference on Signal Processing, Beijing, China, 2012: 215-218.

[3] Wang S, Zeng X. Robust underwater noise targets classification using auditory inspired time–frequency analysis[J]. Applied Acoustics, 2014, 78: 68-76.

[4] 胡桥, 郝保安, 吕林夏, 等. 一种新的水声目标辐射噪声特征提取模型[J]. 鱼雷技术, 2008, 16(6): 38-43.

[5] 胡桥. 改进的水下主动声引信检测方法[C]//中国造船工程学会电子技术学术委员会. 2012 年水下复杂战场环境目标识别与对抗及仿真技术学术交流论文集. 北京: 中国造船工程学会, 2012.

[6] 胡桥, 白志科, 朱建, 等. 水下主动声引信回波集成检测方法[J]. 鱼雷技术, 2012, 20(2): 100-106.

[7] Guo Y C, Rao W, Han Y G. Extraction of higher-order coupling feature using three and one half dimension spectrum[J]. Applied Mathematics and Computation, 2007, 185(2): 798-809.

[8] 陈凤林, 林正青, 彭圆, 等. 舰船辐射噪声的高阶统计量特征提取及特征压缩[J]. 应用声学, 2010, 29(6): 466-470.

[9] 胡桥, 郝保安, 吕林夏, 等. 组合 SGWT 和 EMD 的水声目标辐射噪声特征提取方法[J]. 仪器仪表学报, 2008, 29(2): 454-459.

[10] Hu Q, Liu Y, Zhao Z, et al. Intelligent detection for artificial lateral line of bio-inspired robotic fish using EMD and SVMs[C]. 2018 IEEE International Conference on Robotics and Biomimetics, Kuala Lumpur, Malaysia, 2018: 106-111.

[11] 胡桥, 郝保安, 吕林夏, 等. 基于 EMD 和 DEMON 谱的辐射噪声特征提取研究[J]. 振动与冲击, 2008, 27(S): 49-51.

[12] 胡桥. 基于集成 EMD 和 DEMON 谱的辐射噪声特征提取研究[C]//2008 年全国振动工程及应用学术会议暨第十一届全国设备故障诊断学术会议论文集. 北京: 中国振动工程学会, 2008.

[13] 胡桥. 加窗经验模式分解及其水下航行体辐射噪声特征提取研究[C]//2011 年海战场电子信息技术学术年会论文集. 北京: 中国造船工程学会, 2011: 5.

[14] 李余兴, 李亚安, 陈晓, 等. 基于 VMD 和 SVM 的舰船辐射噪声特征提取及分类识别[J]. 国防科技大学学报, 2019, 41(1): 89-94.

[15] Hu Q, He Z J, Zhang Z S, et al. Fault diagnosis of rotating machinery based on improved wavelet package transform and SVMs ensemble[J]. Mechanical Systems and Signal Processing, 2007, 21(2): 688-705.

[16] Huang N E, Shen Z, Long S R, et al. The empirical mode decomposition and the Hilbert spectrum for nonlinear and non-stationary time series analysis[J]. Proceedings of the Royal Society, 1998, 454(1971): 903-995.

[17] Hu Q, He Z J, Zhang Z S, et al. Intelligent fault diagnosis in power plant using empirical mode decomposition, fuzzy feature extraction and support vector machines[J]. Key Engineering Materials, 2005, (293-294): 373-382.

[18] Wu Z, Huang N E. Ensemble empirical mode decomposition: A noise assisted data analysis method [J]. Advances in Adaptive Data Analysis, 2009, 1(1): 1-41.

[19] Dragomiretskiy K, Zosso D. Variational mode decomposition[J]. IEEE Transactions on Signal Processing, 2014, 62(3): 531-544.

[20] 王晓龙, 唐贵基. 基于变分模态分解和 1.5 维谱的轴承早期故障诊断方法[J]. 电力自动化设备, 2016, 36(7): 125-130.

[21] Kennedy J, Eberhart R. Particle swarm optimization[C]. Proceedings of ICNN'95-International Conference on Neural Networks. IEEE, Perth, Australia, 1995: 1942-1948.

[22] 唐贵基, 王晓龙. 参数优化变分模态分解方法在滚动轴承早期故障诊断中的应用[J]. 西安交通大学学报, 2015, 49(5): 73-81.

[23] 边杰. 基于遗传算法参数优化的变分模态分解结合 1.5 维谱的轴承故障诊断[J]. 推进技术, 2017, 38(7): 1618-1624.

4

水中目标被动检测模型

4.1 引言

被动检测系统虽然不能像主动检测系统一样探测到无噪声的水中目标，但是由于它能安静地监听水声信号，分析目标的特性，所以在发现目标的同时不易被目标察觉，在安全性和隐蔽性上有着主动检测系统不可比拟的优越性。另外，被动检测系统可以在不暴露自己的情况下长时间接收信号，即可以得到较大的时间增益，这也为统计方法、时空累积方法、先检测再识别等新方法的提出提供了可能。这一点使得许多先进的信号处理算法有了用武之地，因此被动检测系统的作用日益重要。

被动检测理论的数学基础是统计学的判决理论和估计理论。从统计学的观点看，可以把从背景噪声中提取有用信息的过程看作一个统计的推断过程，即根据接收信号加噪声的混合波形，采用统计推断的方法对目标信号的存在与否作出判断。传统的水中目标被动检测理论[1]主要是基于统计学中假设检验的似然比检验。按照检验准则可以使检测器达到最小风险意义下的最优检测性能，但采用 Bayes 准则需要事先知道检测信号和背景噪声的一些先验信息，给实用性带来了很大的不便。传统的检测器中采用的是 Neyman-Pearson 准则，简称 N-P 准则。采用 N-P 准则能使检测器达到次最优的性能，没有先验要求。被动检测按照检测方式又可分为恒虚警检测、序列检测等方式。

在水中目标被动检测系统中，常常采用能量检测器构建被动检测模型。能量检测器利用水声信号的短时能量的概率分布特性，应用 N-P 准则，在给定虚警概率的条件下，利用背景噪声的统计模型和估计参数计算检测门限，因而计算出的检测门限值是自适应的，以适应不同环境的需要。在水中目标被动检测的频域方法中，线谱检测也是以背景噪声的功率谱特性作为依据，该方法需要对辐射噪声信号的功率谱按频率进行合适的区间划分，在每个区间中寻找最大值进行检测量的计算，再将检测量与门限进行比较和判断。当没有目标时，检测量低于门限；当有目标出现时，辐射噪声的频谱能量会增加，导致检测量的增大[2,3]。故当检测量大于门限时，说明有目标出现。

对于能量检测等常规的目标被动检测方法来说，往往假定观测样本的概率特性已知或具有某种先验知识。由于目标检测在大多数情况下是在强干扰噪声背景下进行的，传统的时域检测性能较差。为了提高目标检测的性能，提高信号相对于噪声的信噪比具有重要意义。而且在强噪声的海洋环境中，当信号具有"三非"特性时，尤其是在信号未知的情况下，传统的检测方法就变得不适用了。

通常远处传来信号的信噪比较低，因此有必要采用先进的信号处理方法尽量多地获取信号和噪声的各种差异性，才有可能从强噪声背景中提取信号，获得关于目标的各种信息。为了提高信噪比和适应水声信号的复杂情况，利用经验模式分解（EMD）、第二代小波变换、时频分析等热门的信号处理理论进行信号检测方面的研究就显得格外重要[4,5]。因此，对检测理论和模型进行进一步研究，发展新的检测理论，推出新的检测模型，提高检测器在复杂环境和低信噪比环境下的检测性能，不但具有重要的理论意义，而且有很大的实际应用价值。

根据"取长补短、优势互补"的原则，为了克服单一的常规检测方法的不足，将能量检测、线谱检测或过零率检测等检测方法中的两种或两种以上检测方法进行集成，构成集成检测模型，从而提高检测性能。在水声信号处理中，同时将 EMD 解决非平稳、非线性问题和熵描述复杂模式变化的优势相结合，本章构建一种新的基于经验模式能量熵的水中目标被动检测模型；同时借鉴该模型的构建方法，提出一种基于第二代小波包近似熵的被动检测模型。根据统计检测模型，结合小波变换等时频分析方法，同时从时域和频域对信号进行多角度观测的优点，构建基于时频分析的被动检测模型。结合仿真和实测数据，对这些常规的被动检测模型和新型的被动检测模型的性能进行分析研究，验证新型的被动检测模型的可行性和有效性。

4.2 常规的被动检测模型及其实验分析

根据检测概率、虚警概率以及信号的统计模型，就可以对检测器的性能进行刻画。基于信号检测器的被动检测模型按实现方式可以划分为两种：一种是时域模型；另一种是频域模型。尽管现在成熟的检测器已经很多，但是它们大多用于语音信号和雷达信号的检测。考虑到所要处理的水中目标辐射噪声数据的类型和所要达到的目的，如检测精度与计算效率兼顾等，对现有的方法进行了筛选：时域模型选择能量检测器、过零率检测器；频域模型选择线谱检测器。下面分别对基于这三种检测器的被动检测模型进行说明。

4.2.1 能量检测模型

能量检测器原理框图如图 4-1 所示，此类检测器的原理是基于水下传播声信号的短时能量的概率分布特性。

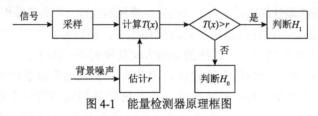

图 4-1 能量检测器原理框图

在具体的处理过程中，将连续的数据段利用滑动时间窗进行分段，在每一小段中，近似把采集到的数据视为零均值的白色广义平稳的高斯随机过程（一般需要零均值处理），方差为 σ_s^2。假设背景噪声是方差为 σ^2 的高斯白噪声，它与目标的辐射噪声信号是相互独立的。

检测器问题是要识别下面两种不同的假设：

$$H_0 : x[i] = n[i], \quad i = 0,1,\cdots,N-1$$
$$H_1 : x[i] = s[i] + n[i], \quad i = 0,1,\cdots,N-1$$

根据 N-P 准则，如果似然比超过门限 r，即

$$L(x) = \frac{p(x \mid H_1)}{p(x \mid H_0)} > r \tag{4-1}$$

则判断为 H_1，否则判断为 H_0。根据建立的模型，在 H_0 条件下有 $x \sim N(0, \sigma^2 I)$；在 H_1 条件下有 $x \sim N(0, (\sigma_s^2 + \sigma^2)I)$，于是有

$$L(x) = \frac{\dfrac{1}{[2\pi(\sigma_s^2 + \sigma^2)]^{N/2}} \exp\left[-\sum_{i=0}^{N-1} \dfrac{x^2(i)}{2(\sigma_s^2 + \sigma^2)}\right]}{\dfrac{1}{(2\pi\sigma^2)^{N/2}} \exp\left[-\sum_{i=0}^{N-1} \dfrac{x^2(i)}{2\sigma^2}\right]} \tag{4-2}$$

对数似然比可写为

$$l(x) = \frac{N}{2} \ln\left(\frac{\sigma^2}{\sigma_s^2 + \sigma^2}\right) + \frac{1}{2} \frac{\sigma_s^2}{\sigma^2(\sigma_s^2 + \sigma^2)} \sum_{i=0}^{N-1} x^2(i) \tag{4-3}$$

因此，有

$$T(x) = \sum_{i=0}^{N-1} x^2(i) \underset{H_0}{\overset{H_1}{\gtrless}} r' \tag{4-4}$$

其中，检测统计量 $T(x)$ 是计算接收数据的能量，并将其和检测门限 r' 比较的结果作为判断的依据。也可以直观地理解，如果采集信号中包含被测目标，那么接收数据的能量将会增加。事实上，等效的检测统计量 $T'(x) = (1/N)\sum_{i}^{N-1} x^2(i)$ 可以看作方差的估计器，于是可以理解为在 H_0 条件下方差为 σ^2，而在 H_1 条件下方差增加到 $\sigma_S^2 + \sigma^2$。注意到在 H_0 条件下，有 $\dfrac{T(x)}{\sigma^2} \sim \chi_N^2$；在 H_1 条件下，有 $\dfrac{T(x)}{\sigma_S^2 + \sigma^2} \sim \chi_N^2$。统计量是 N 个独立同分布高斯随机变量的平方和，为了计算虚警概率 P_{fa} 和检测概率 P_d，可以利用 χ^2 的右尾概率进行虚警概率和检测概率的计算，χ^2 的右尾概率计算公式如下：

$$Q\chi^2(x) = \int_x^\infty p(t)\mathrm{d}t \tag{4-5}$$

因此，根据式（4-4）有

$$P_{fa} = P_r\{T(x) > r'; H_0\} = P_r\left\{\frac{T(x)}{\sigma^2} > \frac{r'}{\sigma^2}; H_0\right\} = Q\chi_N^2\left(\frac{r'}{\sigma^2}\right) \tag{4-6}$$

和

$$P_d = P_r\{T(x) > r'; H_1\} = P_r\left\{\frac{T(x)}{\sigma_S^2 + \sigma^2} > \frac{r'}{\sigma_S^2 + \sigma^2}; H_1\right\} = Q\chi_N^2\left(\frac{r'}{\sigma_S^2 + \sigma^2}\right) \tag{4-7}$$

右尾概率算法的实质是将卡方分布（χ^2）作为噪声的等效统计模型，通过获取背景噪声的数字特征来估计统计模型的参数。应用 N-P 准则，在给定虚警概率 P_{fa} 的条件下计算出检测模型所需的检测门限，进而求得检测概率 P_d。

从理论上来说，对于一个高斯随机信号，其一阶统计量已经包含了它所具有的全部信息。能量检测模型是信号检测的一阶统计量分析，一般假定噪声为零均值高斯白噪声，被检测的信号也是一个高斯随机过程。因此，能量分析加上似然比检验就构成了最优检测方法，其统计量是信号的能量检测，也就是说高斯信号的最佳接收机即为能量检测器。

就能量检测而言，虚警概率越低，检测概率越高，检测距离越远，则检测性能越好。在实际中，为获得更高的检测概率，势必会缩短检测距离。因此，在保证一定的虚警概率和检测概率的情况下，尽可能扩大检测距离是能量检测的关键。

4.2.2　过零率检测模型

过零率能够反映出信号的频率特性，若信号的能量主要分布在高频段部分，则单位长度信号的过零率点数较多。对于频带范围从 f_L 到 f_H 的平稳高斯随机信号，单位长度信号的过零率点数 N 与功率谱 $G(f)$ 之间存在如下关系[6]：

$$N = 2\sqrt{\int_{f_L}^{f_H} f^2 G(f) \mathrm{d}f \Big/ \int_{f_L}^{f_H} G(f) \mathrm{d}f} \tag{4-8}$$

短时平均过零率的公式为

$$
\begin{aligned}
Z_n &= \frac{1}{2} \sum_{m=-\infty}^{\infty} \big| \mathrm{sgn}[x(m)] - \mathrm{sgn}[x(m-1)] \big| w(n-m) \\
&= \frac{1}{2} \sum_{m=n}^{n+N-1} \big| \mathrm{sgn}[x_w(m)] - \mathrm{sgn}[x_w(m-1)] \big|
\end{aligned} \tag{4-9}
$$

式中，$w(n)$ 为窗函数；$\mathrm{sgn}[\cdot]$ 是符号函数，即

$$\mathrm{sgn}[x(n)] = \begin{cases} 1, & x(n) \geqslant 0 \\ -1, & x(n) < 0 \end{cases} \tag{4-10}$$

目标检测时，预先为过零率检测设定一个门限 r。由于目标信号叠加到背景噪声中，会使得信号的幅值发生变化，此时过零率会减小，所以当过零率小于门限时，即 $Z_n < r$，确认发现目标。检测到目标与否，与门限的设定有直接的关系。门限的设定，通常要根据采集数据通过多次实验得到。

4.2.3 线谱检测模型

线谱检测器的原理框图如图 4-2 所示。

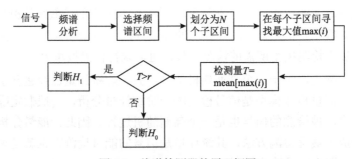

图 4-2 线谱检测器的原理框图

线谱检测方法以噪声功率谱的能量特性作为依据，在频谱上对采集数据的功率谱作合适的区间划分，假定分为 N 个区间，在每个区间中找到最大值 $\max(i)$，并进行累积求和、取平均，将结果作为检测量 T，即

$$T = \frac{1}{N} \sum_{i=1}^{N} 20 \lg[\max(i)] \tag{4-11}$$

将在背景噪声中估计出的检测量 T 与调节因子 a 之和（$T+a$）作为检测门限 r，进行目标检测。

4.2.4 仿真性能分析

为了更加真实地反映上述三种常规检测模型的检测性能，以水下航行器实测的辐射噪声数据为基础进行检测性能的仿真研究。背景噪声和目标辐射噪声信号的产生方式与 3.4.4 小节中的方法相同，不同之处在于信噪比 SNR 的设置是从 -30dB 到 20dB 进行变化。信号的采样频率 $f_s = 28\,\text{kHz}$，每个观测样本的采样时间长度为 146.3ms。

采用 1000 次蒙特卡罗（Monte Carlo）方法获得虚警概率为 0.001 条件下的三种常规检测器的检测性能曲线，如图 4-3 所示。

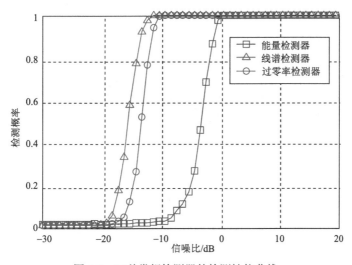

图 4-3 三种常规检测器的检测性能曲线

从图 4-3 中可以看出，对于该仿真的水下航行器辐射噪声目标检测中，线谱检测器的检测性能最好，过零率检测器的检测性能次之，而能量检测器的检测性能在检测过程中相对较差。究其原因发现，线谱检测器和过零率检测器都是利用噪声波形与信号加噪声波形分别在频域中统计特性的差异来提高信噪比，从而改善性能。然而能量检测器只是利用了信号的幅度特征，它对信息的利用是不充分的，在低信噪比下，检测性能大为下降。

在本例中，该仿真的水下航行器辐射噪声具有较强的非高斯性。采用能量检测器时，仅仅利用了信号的能量信息，它把信号同样作为高斯噪声来处理，是一种在条件失配下的检测，因而检测性能不佳。很显然，在这种失配条件下，能量检测器已经不是最佳检测性能的检测器，而次佳的线谱检测器和过零率检测器则有较好的检测性能。

4.2.5　实验分析

利用实测数据对上面三种常规的被动检测方法进行性能分析，在研究的过程中，进行目标被动检测的数据分为如下两大类。

第一类：在水下航行器的航行噪声等背景干扰条件下，对 4 类水面舰（分别记为目标数据 A～D）进行目标检测，水面舰参数如表 2-1 所示，辐射噪声信号时域波形图如图 2-9 所示。

第二类：对某一具有通过特性的水面舰辐射噪声数据进行目标检测分析，辐射噪声数据如图 4-4 所示。

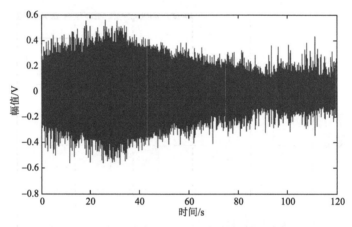

图 4-4　具有通过特性的一类目标的辐射噪声数据

以上所有数据的采样频率均为 $F_s = 48\,\text{kHz}$，在进行目标检测实验前，分析得到第一类数据的信噪比在 8～13dB 内，第二类数据的信噪比在 1～11dB 内。

在第一类数据的被动检测中，设定每帧数据采样时间为 1s，前 10 帧（编号为 1～10）数据为背景噪声数据，主要用于检测门限的确定；第二个 10 帧（编号为 11～20）数据为 A 类水面舰目标数据，依次类推；第五个 10 帧（编号为 41～50）数据为 D 类水面舰目标数据。在检测过程中，先对前 10 帧的背景噪声数据进行检测，确定相应的阈值，然后再对 4 类水面舰的 40 帧（每类各为 10 帧）目标数据进行检测。

在第二类数据的被动检测中，共有 120 帧数据，每帧数据采样时间为 1s，假设最后 10 帧（编号为 111～120）为背景噪声数据，用于确定检测门限，然后对前 110 帧具有通过特性的水面舰辐射噪声数据进行检测。

在进行检测时，检验统计量为有限点数统计，对于 N 帧的高斯噪声 $n(t)$，其检验统计量序列为 $\{T_n(i), i = 1, 2, \cdots, N\}$。根据统计结果及经验，设定能量检测和线谱检测的门限确定方法为 $\lambda = E[T_n(i)] + \sigma[T_n(i)]$，过零率检测的门限确定方法为

$\lambda = E[T_n(i)] - \sigma[T_n(i)]$，其中，$E[T_n(i)]$ 为 $T_n(i)$ 的均值，$\sigma[T_n(i)]$ 为 $T_n(i)$ 的方差。

第一类数据的检测统计结果如图 4-5 所示，其中，横坐标为数据的帧数，纵坐标为各个检测方法的检测统计量，虚线为其对应的检测门限。

第二类数据的检测统计结果如图 4-6 所示。

从图 4-5 和图 4-6 中对两类数据的检测统计结果可以看出，这三种水中目标被动检测方法都能很好地对第一类数据中的水面舰目标进行检测；而过零率检测方法在第二类数据的第 70~90 帧的检测过程中存在一些明显的漏检现象；尽管线谱检测方法在第二类数据的第 90 帧左右也中存在一些漏检样本，但此时水面舰已经离接受水听器较远了，基本不影响检测的目的。

综合对比分析可以看出，这两类数据中的辐射噪声信号都具有较强的高斯性，因而能量检测方法和线谱检测方法性能稳定，它们从能量特征和频率特征这两个不同的方面分别对特征数据进行了描述。

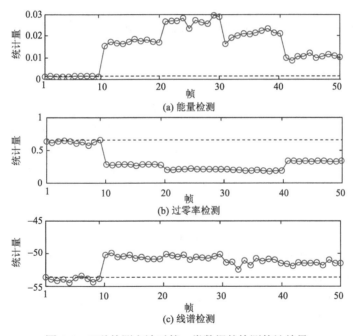

图 4-5　三种检测方法对第一类数据的检测统计结果

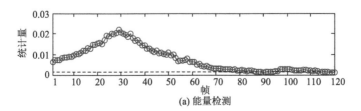

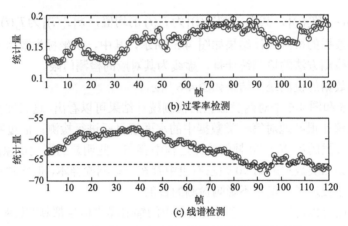

(b) 过零率检测

(c) 线谱检测

图 4-6　三种检测方法对第二类数据的检测统计结果

4.3　新型的被动检测模型及其实验分析

4.3.1　集成被动检测模型

由于海洋环境噪声并不是标准的高斯过程，水声信道往往具有时变、空变及多途特点等，这些特征在实际检测中容易造成单一检测系统性能下降。因此，可以尝试将几种单一检测方法进行组合，增加所能利用的信息量，使多种检测方法在性能上进行互补，构成了一种性能更稳定、适应性更广、更适合于海洋环境变换要求的信号检测器，称之为集成检测器，从而改善和提高了单一检测方法的检测性能。

通过上面三种常规的被动检测方法对两类数据中的水面舰目标检测分析结果可以看出，在各个频带内，能量检测方法和线谱检测方法都具有很好的检测性能，这两种方法分别从能量和频率两个不同方面表征了目标的特征。

将能量检测方法和线谱检测方法这两种检测方法进行集成，组成的集成检测方法如图 4-7 所示。

图 4-7　集成检测方法示意图

　　集成检测方法的主要思想是将被检测信号同时利用能量检测方法（检测结果记为 Energy_detector(X_i)）和线谱检测方法（检测结果记为 Line_spectrum_detector(X_i)）这两种方法进行检测，然后利用某种判别决策逻辑进行检测结果的集成输出（ Ensemble_detector(X_i)）。判别决策的逻辑如表 4-1 所示。

表 4-1　集成检测方法的判别决策逻辑表

序号	目标出现情况		含义解释	检测结果
	能量检测器	线谱检测器		
1	无	无	两个检测器都无目标	无目标
2	有	无	能量检测器有目标、线谱检测器无目标	有目标
3	无	有	能量检测器无目标、线谱检测器有目标	有目标
4	有	有	两个检测器都有目标	有目标

　　判别决策逻辑可解释如下：

　　（1）对于序号为 1 和 4 的情况，当信噪比 SNR 较小或者在背景噪声占主导的过程中，必需两种检测方法都能检测到信号，才判决为有信号；否则判断为无目标信号存在。

　　伪代码为

Ensemble_detector(X_i)=Energy_detector(X_i) AND Line_spectrum_detector(X_i)

$$\text{(4-12)}$$

　　（2）对于序号为 2 和 3 的情况，当信噪比 SNR 较大或者在目标信号占主导的过程中，只要两种检测方法中的一个能够检测到信号，则判决为有信号。

　　伪代码为

Ensemble_detector(X_i)=Energy_detector(X_i) OR Line_spectrum_detector(X_i)　（4-13）

　　因此，从上面的分析可以得到集成检测模型的检测概率为

$$P_d = P_d^{(E)} + P_d^{(L)} - P_d^{(E)} \cdot P_d^{(L)} \qquad \text{(4-14)}$$

式中，P_d 为集成检测模型的检测概率；$P_d^{(E)}$、$P_d^{(L)}$ 分别为能量检测器和线谱检测器的检测概率。

　　很显然，利用集成检测模型来检测水声信号，能涵盖很广的水声条件与环境变化的情况。在两种极端的情形下：当在水声条件较理想时，如背景噪声为典型的高斯白噪声，能量检测器将能正常发挥作用，在集成检测模型中可占主导地位；当信噪比较低且环境变得恶劣时，在能量检测器不能胜任工作的条件下，线谱检测器则有可能担负起检测的职能，完成目标检测的任务。当处于两者之间的情况时，即一般的水声条件下，两者可以同时发挥作用，检测性能将由两种检测器共同决定。

对基于能量检测器和线谱检测器的集成检测模型、基于能量检测器和过零率检测器的集成检测模型、基于线谱检测器和过零率检测器的集成检测模型分别进行检测性能仿真分析，仿真条件与 4.2.4 小节中的仿真条件相同，检测性能曲线如图 4-8～图 4-10 所示。

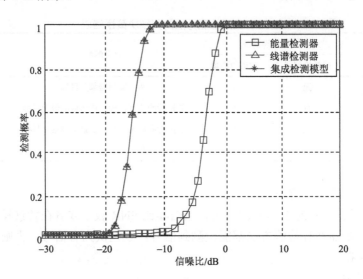

图 4-8　基于能量检测器和线谱检测器的集成检测模型的检测性能曲线

虚警概率为 0.001

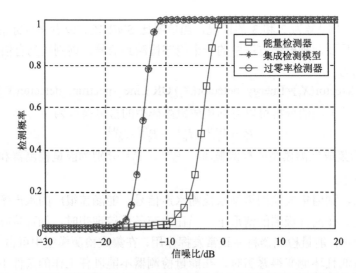

图 4-9　基于能量检测器和过零率检测器的集成检测模型的检测性能曲线

虚警概率为 0.001

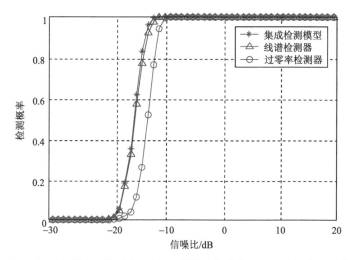

图 4-10　基于线谱检测器和过零率检测器的集成检测模型的检测性能曲线

从图 4-8～图 4-10 可以看出，由于综合了两种单一检测器各自的优势，集成检测模型的检测性能优于能量检测器、线谱检测器、过零率检测器中最好的一个检测器的检测性能。进行纵向比较时还可以看出，基于能量检测器和线谱检测器的集成检测模型与基于线谱检测器和过零率检测器的集成检测模型的检测性能比基于能量检测器和过零率检测器的集成检测模型好，这主要是由于前两种集成检测模型继承了线谱检测器的优良检测性能。

集成检测是一个二元检测问题，其检测过程要识别下面两种不同的假设：

$$H_0 : x[i] = n[i] \qquad i = 0,1,\cdots,N-1$$
$$H_1 : x[i] = s[i] + n[i] \qquad i = 0,1,\cdots,N-1$$

其检测的结果如下：

当满足假设 H_0 时，$\text{Ensemble\_detector}(X_i) = 0$，即没有目标存在。

当满足假设 H_1 时，$\text{Ensemble\_detector}(X_i) = 1$，即检测到目标。

利用集成检测方法对上述两类数据进行检测，并与能量检测方法和线谱检测方法这两种单一检测方法进行比较，检测结果如图 4-11 和图 4-12 所示，横坐标为数据的帧数，纵坐标为各个检测方法的检测结果。

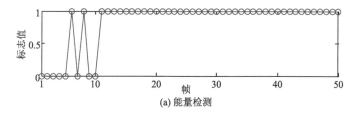

(a) 能量检测

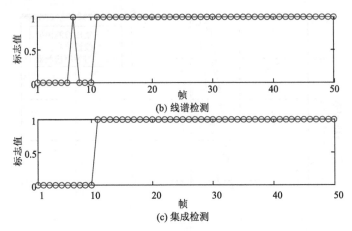

(b) 线谱检测

(c) 集成检测

图 4-11　对第一类数据的检测结果

从图 4-11 中第一类数据的检测结果可以看出，能量检测、线谱检测和集成检测这三种检测方法都能检测出第 10～50 帧的水面舰目标，但在第 1～10 帧的背景噪声检测中，能量检测方法和线谱检测方法分别发生了 2 个和 1 个误检，也就是存在虚警，而集成检测方法却很好地克服了这个问题。

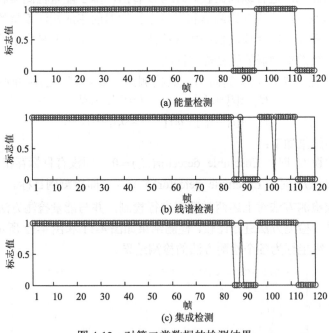

(a) 能量检测

(b) 线谱检测

(c) 集成检测

图 4-12　对第二类数据的检测结果

对第二类数据进行目标检测时，假设第 1～110 帧为水面舰目标，第 111～120帧为背景噪声。从图 4-12 中的检测结果可以看出，能量检测、线谱检测和集成检测这三种方法在检测过程中尽管都存在一些误检和漏检现象，但是集成检测方法的误检和漏检样本都是最少的，这说明集成检测方法综合了两种单一方法的优点。

从上面的分析可以看出，集成检测方法有效地改善了能量检测和线谱检测这两种单一检测方法的性能。

4.3.2　基于经验模式能量熵的被动检测模型

根据 3.4 节的研究可以看出，经验模式分解（EMD）是信号处理领域内解决非平稳、非线性信号分析问题的新方法[7]，它是按信号自身的内在特性进行自适应的完备、正交分解，可将动态信号的 IMF 分量提取出来。熵常常被用来描述时间序列的不规则性和复杂性的演变，通过比较信号的某个特征熵的变换情况，可以直接判别信号成分的改变。根据优势互补的原则，在水声信号处理中，同时将 EMD 解决非平稳、非线性问题和熵描述复杂模式变化的优势相结合，在研究中提出了一种新的基于经验模式能量熵（empirical mode energy entropy，EMEE）的水声目标被动检测模型。

对于式（3-23）中的 n 个 IMF 分量 $f_i(t)$ 和一个余项 $r_n(t)$，将余项 $r_n(t)$ 看作第 $n+1$ 个分量 $f_{n+1}(t)$，则第 i（$i=1,2,\cdots,n+1$）个分量 $f_i(t)$ 的能量可以表示为

$$E(f_i(t)) = \frac{1}{N-1}\sum_{t=1}^{N}(f_i(t))^2 \tag{4-15}$$

式中，N 为分量 $f_i(t)$ 的数据长度。

根据 EMD 的完备与正交特性，有

$$E(x(t)) = E(f_1(t)) + E(f_2(t)) + \cdots + E(f_{n+1}(t)) \tag{4-16}$$

成立。

为了在应用上通用化，采取归一化相对能量特征，即用模式能量占信号总能量的分数来表示。第 k 个 IMF 分量的相对能量为

$$e_k = \frac{E(f_k(t))}{E(x(t))} \tag{4-17}$$

则 IMF 分量的能量特征向量为

$$E = \{e_1, e_2, \cdots, e_{n+1}\} \tag{4-18}$$

为了描述水声目标辐射噪声与背景噪声之间的差异，定义 EMEE 来定量描述信号的能量特征在不同模式间的分布情况，即

$$\text{EMEE} = -\sum_{k=1}^{n+1} e_k \cdot \lg e_k \tag{4-19}$$

EMEE 的值越小，表明信号的能量越集中，少数几个模式分量对信号起着决定性的作用，说明此时在辐射噪声中，目标成分占主导。反之，则表明信号的能

量分散在较多的模式分量中，此时辐射噪声中只有宽带的背景噪声成分。

本节提出的水声目标检测方法的流程如图 4-13 所示，在该水声目标检测模型中，采集的水声信号经过 EMD，将得到的 IMF 分量转化为能量特征向量，一方面用于观测信号子频带能量的变换；另一方面计算出能量特征向量的 EMEE，从而实现水声目标的检测。

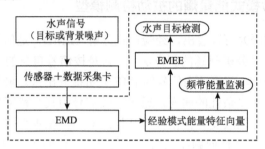

图 4-13　水声目标检测方法的流程图

为了说明 EMD 方法和验证 EMEE 在目标检测中的效果，下面对一个仿真信号进行 EMD 和小波变换分解，提取 IMF 分量能量熵和小波变换能量熵，进行对比分析。

仿真信号由 3 个不同幅值和频率的正弦信号与一个趋势项组成，其解析表达式为

$$x(t) = A_1 \sin(2\pi f_{o1}t) + A_2 \sin(2\pi f_{o2}t) + A_3 \sin(2\pi f_{o3}t) + at \qquad (4\text{-}20)$$

式中，$A_1 \sim A_3$ 分别为 2、1、0.5；$f_{o1} \sim f_{o3}$ 分别为 200Hz、100Hz、50Hz；$a = 2$，采样频率为 2000Hz，数据长度为 1024 点，其 EMD 结果如图 4-14 所示。

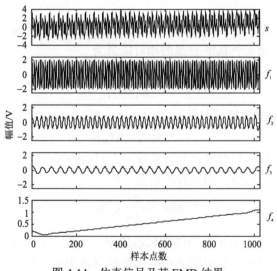

图 4-14　仿真信号及其 EMD 结果

在图 4-14 中，s 为仿真信号的波形，分解后得到 3 个 IMF 分量 $f_1 \sim f_3$ 和 1 个余项 f_4，可以看出，EMD 方法能够较好地将仿真信号中的 3 个正弦分量和 1 个趋势项分解出来。

为了对比分析，该仿真信号经过 Daubechies20 小波作 5 层分解后的结果如图 4-15 所示，选取 5 层分解的原因是正好能将 $f_{o1} \sim f_{o3}$ 这 3 个频率成分分离开。小波变换分解后得到 5 个细节分量 $d_1 \sim d_5$ 和 1 个逼近分量 a_5，这 6 个分量也可以按照式（4-15）～式（4-19）的方法计算它们的小波变换能量熵（wavelet transform energy entropy，WTEE）。

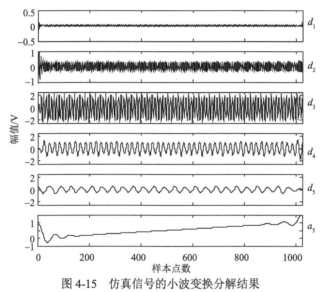

图 4-15　仿真信号的小波变换分解结果

从图 4-15 中可以看出，$d_3 \sim d_5$ 与 a_5 基本上与式（4-20）中的 3 个分量和 1 个趋势项相对应，但是细节信号 d_2 的能量泄漏比较严重，产生了虚假分量。

根据式（4-19），在仿真信号中无噪声且信噪比 SNR=3dB 的 EMD IMF 分量的能量特征如图 4-16 所示。

从图 4-16 中可以看出，能量特征值的大小与仿真信号中各个分量能量的大小完全相符合。由于信号中只有 4 个分量占主导，信号的能量比较集中，此时 EMEE 为 0.8850。在式（4-20）的仿真信号中加入信噪比 SNR=3dB 的随机噪声数据，含噪信号被分解为 8 个分量，第 1 个分量为噪声成分。由于噪声的干扰，图 4-16（a）中的 3 个正弦分量在图 4-16（b）中分别被分解到第 2 至第 4 个 IMF 分量中，趋势项在图 4-16（b）被分解到第 8 个分量中，分量的能量比较分散，此时 EMEE 从 0.8850 增长为 1.4870，符合熵的变化规律。将无噪声和有噪声的仿真信号进行小波变换分解后，得到 6 个分量的小波变换能量特征分布如图 4-17 所示。

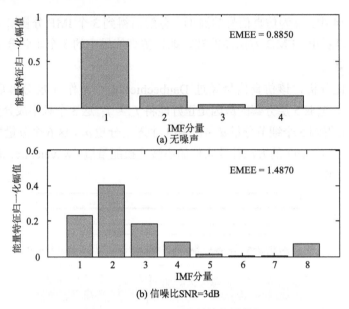

图 4-16　EMD IMF 分量的能量特征

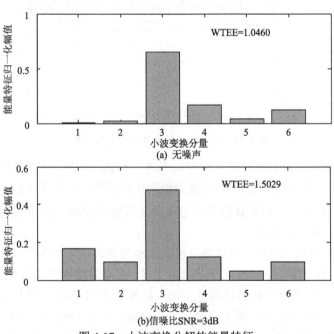

图 4-17　小波变换分解的能量特征

对比图 4-17（a）和（b）可知，在加入噪声后，WTEE 从原来的 1.0460 增加到 1.5029，基本符合 WTEE 随着噪声增加而增大的规律。然而，与 EMEE 相比，加噪前后 WTEE 的变换区间没有 EMEE 大，即 EMEE 能够将无噪声和加噪声这两种模式区分得更为明显。

对实测的 5 组水中背景噪声数据（编号 1～5）和 5 组某水下目标通过时的辐射噪声数据（编号 6～10）进行分析，采样频率为 200kHz，每组数据的采样时间长度为 10ms。实测数据的 EMEE 和 WTEE 如图 4-18 所示。

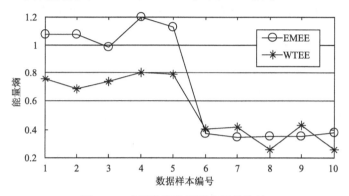

图 4-18　实测数据的两种能量熵比较

从图 4-18 中可以看出，经过小波变换分解后，得到的前 5 个背景噪声数据的 WTEE 均值为 0.7550，后 5 个目标辐射噪声数据的 WTEE 均值为 0.3517，这两种模式的 WTEE 之差为 0.4033。而经过 EMD 后，得到的前 5 个背景噪声数据的 EMEE 均值为 1.0915，后 5 个目标辐射噪声数据的 EMEE 均值为 0.3586，两种模式的 EMEE 之差为 0.7329。与 WTEE 相比，模式之间的能量熵距离大为增加，即利用 EMEE 来区分不同的模式比 WTEE 更为有效。

分析其原因，发现小波变换分解是按频带进行划分的，而且在小波分解中的小波基函数和分解层数都必须人为选择，分解所得分量的模式比较固定。由于 EMD 是按信号自身的内在特性进行自适应分解，所得到的 IMF 分量从本质上反映出了信号的属性。在 EMD 中的同一个 IMF 分量在小波分解过程中可能被分解到了不同的频带内，弱化了 IMF 分量的属性，这也是 EMEE 的检测能力优于 WTEE 的原因。

4.3.3　基于第二代小波包近似熵的被动检测模型

在复杂的海洋中，随着水中目标的出现或者多工况地由远及近行驶，其辐射噪声的动力学特性往往呈现出极大的复杂性。相对于其他非线性动力学参数（如关联维数、哥氏熵、李雅普诺夫指数等）而言，20 世纪 90 年代初由 Steven M. Pincus 提出的近似熵（approximate entropy，ApEn）更主要的是从衡量时间序列复杂性的角度来度量信号中产生新模式的概率大小，产生新模式的概率越大，序列的复杂性越大，相应的近似熵也越大[8-10]。用近似熵来描述水中目标辐射噪声信号的不规则性和复杂性，通过比较声学装置接收的辐射噪声信号近似熵的相对变化，可以直接反映水声环境中是否有目标出现。

根据 3.3 节的研究可以看出，第二代小波包（second generation wavelet packet，SGWP）分解技术可以将辐射噪声信号正交地分解到不同尺度下的各个独立频带内，再对分解后的时域波形进行近似熵的估计和对比分析，从而可以敏感地捕捉到水中目标出现时导致辐射噪声信号非平稳或不规则变化的信息。

1. 近似熵的定义与含义

近似熵是用一个非负数来表示某时间序列的复杂性，越复杂的时间序列，对应的近似熵越大。下面给出具体的算法步骤。

设采集到的原始数据为 $\{u(i), i = 0, 1, \cdots, N\}$，预先给定维数 m 和相似容限 r 的值，则近似熵可以通过以下六个步骤计算得到[11]。

（1）将序列 $\{u(i)\}$ 按顺序组成 m 维矢量 $\boldsymbol{X}(i)$，即

$$\boldsymbol{X}(i) = [u(i), u(i+1), \cdots, u(i+m-1)], \quad i = 1 \sim N-m+1 \quad (4-21)$$

（2）对每一个 i 值计算矢量 $\boldsymbol{X}(i)$ 与其余矢量 $\boldsymbol{X}(j)$ 之间的距离：

$$d[\boldsymbol{X}(i), \boldsymbol{X}(j)] = \max_{k=0 \sim m-1} \left| u(i+k) - u(j+k) \right| \quad (4-22)$$

（3）按照给定的相似容限 $r(r > 0)$，对每一个 i 值统计 $d[\boldsymbol{X}(i), \boldsymbol{X}(j)] < r$ 的数目及此数目与总的矢量个数 $N-m+1$ 的比值，记做 $C_i^m(r)$，即

$$C_i^m(r) = \{d[\boldsymbol{X}(i), \boldsymbol{X}(j)] < r\text{的数目}\} / (N-m+1) \quad (4-23)$$

（4）先将 $C_i^m(r)$ 取自然对数，再求其对所有 i 的平均值，记做 $\Phi^m(r)$，即

$$\Phi^m(r) = \frac{1}{N-m+1} \sum_{i=1}^{N-m+1} \ln C_i^m(r) \quad (4-24)$$

（5）再对 $m+1$ 重复（1）～（4）的过程，得到 $\Phi^{m+1}(r)$。

（6）理论上，此序列的近似熵为

$$\text{ApEn}(m, r) = \lim_{N \to \infty} [\Phi^m(r) - \Phi^{m+1}(r)] \quad (4-25)$$

一般而言，此极限值以概率 1 存在。但在实际工作中，N 不可能为 ∞，当 N 为有限值时，按上述步骤得出的是序列长度为 N 时近似熵的估计值：

$$\text{ApEn}(m, r, N) = \Phi^m(r) - \Phi^{m+1}(r) \quad (4-26)$$

近似熵的值显然与维数 m、相似容限 r 的取值有关，如果相似容限 r 取值太小，满足相似条件的模式会很少，对近似熵的估计就会很差；如果 r 取值太大，满足相似条件的模式过多，时间序列的细节信息就会损失很多。根据经验，通常取 $m = 2$，$r = 0.1 \sim 0.25 \text{SD}(u)$（$\text{SD}(u)$ 表示序列 $\{u(i)\}$ 的标准差），这时近似熵具有较为合理的统计特性。

定义中计算近似熵的最后一个步骤可以做如下变形：

$$\text{ApEn}(m,r,N) = -[\varPhi^{m+1}(r) - \varPhi^m(r)]$$

$$= -\left[\frac{1}{N-m}\sum_{i=1}^{N-m}\ln C_i^{m+1}(r) - \frac{1}{N-m+1}\sum_{i=1}^{N-m+1}\ln C_i^m(r)\right] \quad (4\text{-}27)$$

$$\xrightarrow{N\to\infty} -\left[\frac{1}{N-m}\sum_{i=1}^{N-m}\ln\frac{C_i^{m+1}(r)}{C_i^m(r)}\right]$$

可以看出，近似熵实际上是在确定一个时间序列在模式上的自相似程度有多大，从另外一个角度讲，就是在衡量当维数变化时，该时间序列中产生新模式的概率大小，产生新模式的概率越大，序列就越复杂。因此从理论上讲，近似熵能够表征信号的不规则性（复杂性），越复杂的信号，近似熵应该越大。

2. 基于第二代小波包近似熵的检测模型及性能分析

对具体的水中目标而言，其目标特性在辐射噪声上的反映有一定的敏感频带。当目标出现或者其工况发生改变时，该频带内的辐射噪声信号会发生较大的变化。因此，本小节期望通过比较声学装置接收的噪声信号在各频带内近似熵的变化，有效地检测目标的出现，并对其运行状态的变换做出长期的观测。

作为水声信号处理的一种有效手段，第二代小波包可以将信号中不同的特征分量正交地分解到不同尺度下的不同频带内，从而实现信号频带的划分且总能量是守恒的。设原始水声信号时间序列为 $x(j),j=0,1,\cdots,N_0$，N_0 是数据长度，$x^{l,i}(j),j=0,1,\cdots,N_l$ 是第二代小波包分解第 l 次后所得到的 2^l 个频带内第 i 带的信号序列，其中 $N_l=2^{-l}N_0$。若原始信号的采样频率为 $f_s=1/\Delta t$，则 $x^{l,i}(j)$ 的采样时间间隔增加为 $2^l\Delta t$，其频带范围为

$$\left[2^{-l}(i-1)\frac{f_s}{2},\ 2^{-l}i\frac{f_s}{2}\right],\quad i=1,2,\cdots,2^l \quad (4\text{-}28)$$

式（4-28）中的这些频带相互衔接、不重叠、不疏漏，完整地保留了原始信号在各个频带内的信息。由于每次分解后采样频率和带宽都减半，而带通信号的采样频率决定于其带宽，并不决定于其上限频率，所以小波包分解不会引起信息的丢失[8]。因此，用近似熵来衡量第二代小波包分解后每个频带内水声信号的复杂程度是合理的。$x(j)$、$x^{l,i}(j)$ 的近似熵分别记为 ApEn、$\text{ApEn}^{l,i}$，后者可以定义为第二代小波包近似熵。由于水声信号越复杂，近似熵越大，因此 ApEn、$\text{ApEn}^{l,i}$ 可以作为检测统计量来表征辐射噪声信号在不同尺度下和不同频带内的复杂程度或不规则程度，从而对水中目标的存在情况做出准确的判断。

以某水下航行器目标为检测对象，利用其辐射噪声和背景噪声对基于第二代小波包近似熵的检测模型的有效性进行验证。每个水声信号样本的采样频率为 12.8kHz，采样时间长度为 320ms。水中背景噪声信号和水下航行器辐射噪声信号的第二代小波

包分解结果分别如图 4-19 和图 4-20 所示。其中，s 为原始水声信号；Layer2 为原始信号分解 2 层后得到的分解结果 $x^{2,i},i=1,2,3,4$；Layer3 为原始信号分解 3 层后得到的分解结果 $x^{3,i},i=1,2,\cdots,8$；Energy 为分解 3 层后得到的 8 个子频带的相对能量分布。

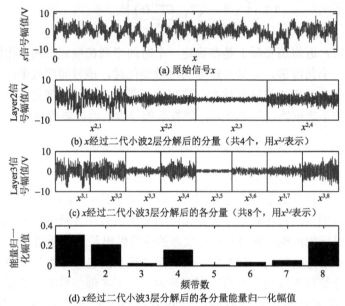

图 4-19　水中背景噪声信号及第二代小波包分解结果

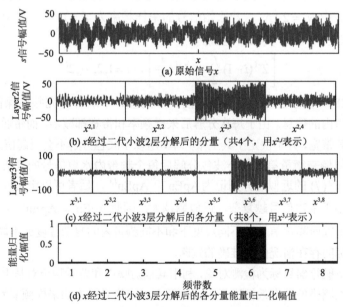

图 4-20　水下航行器辐射噪声信号及第二代小波包分解结果

比较水中背景噪声信号和水下航行器辐射噪声信号经过 3 层第二代小波包分解后得到的 8 个子频带的相对能量分布,可以看出背景噪声的能量分布比较分散、复杂、不规则性较强,而辐射噪声的能量分布则较为集中、单一。这说明尽管原始水声信号波形成分复杂多变,经过第二代小波包分解后得到的频带分量却能够从另外一个角度相对稳定地反映水中目标辐射噪声信号与背景噪声信号的差异,如 ApEn[3,6]。

水中背景噪声信号和水下航行器辐射噪声信号经过第二代小波包 2 层分解后得到的频带分量 $x^{2,i}, i=1,2,3,4$ 对应的频带(单位:kHz)范围分别为[0,1.6)、[1.6,3.2)、[3.2,4.8)和[4.8,6.4);经过 3 层分解后得到的频带分量 $x^{3,i}, i=1,2,\cdots,8$ 对应的频带(单位:kHz)范围分别为[0,0.8)、[0.8,1.6)、[1.6,2.4)、[2.4,3.2)、[3.2,4.0)、[4.0,4.8)、[4.8,5.6)和[5.6,6.4)。这些频带分量的近似熵分别如表 4-2 和表 4-3 所示。

表 4-2   背景噪声信号和辐射噪声信号及其第二代小波包 2 层分解后的近似熵

信号	近似熵				
	ApEn	$ApEn^{2,1}$	$ApEn^{2,2}$	$ApEn^{2,3}$	$ApEn^{2,4}$
背景噪声信号	1.4169	1.6307	1.6857	*1.6866*	1.5480
辐射噪声信号	1.9076	1.6119	1.6329	*0.77682*	1.6812

表 4-3   背景噪声信号和辐射噪声信号及其第二代小波包 3 层分解后的近似熵

信号	近似熵							
	$ApEn^{3,1}$	$ApEn^{3,2}$	$ApEn^{3,3}$	$ApEn^{3,4}$	$ApEn^{3,5}$	$ApEn^{3,6}$	$ApEn^{3,7}$	$ApEn^{3,8}$
背景噪声信号	1.2885	1.2959	1.2645	1.2918	1.3601	*1.4071*	1.4177	1.3490
辐射噪声信号	1.3199	1.3345	1.4223	1.3318	1.3518	*0.7341*	1.3711	1.3632

从图 4-19 和 4-20 中的分析可以看出,背景噪声经过第二代小波包分解后得到的频带能量分布不规则,而水下航行器辐射噪声的频带能量分布则较为集中。按照近似熵的原则,背景噪声的原始信号或者频带分量对应的近似熵应该大于水下航行器辐射噪声分别对应的近似熵,从表 4-2 和表 4-3 中可以看出结果并非如此。事实上,除了近似熵 $ApEn^{2,3}$ 和 $ApEn^{3,6}$(表中斜黑体字)外,其余的背景噪声对应的近似熵与水下航行器辐射噪声对应的近似熵差别不大,甚至水下航行器辐射噪声对应的近似熵反而大于背景噪声对应的近似熵。背景噪声对应的近似熵 $ApEn^{2,3}$ 和 $ApEn^{3,6}$ 远大于水下航行器辐射噪声对应的近似熵,这也与前面的事实相符。分析其原因发现,近似熵 $ApEn^{2,3}$ 和 $ApEn^{3,6}$ 对应的频带分别是 3.2~4.8kHZ 和 4.0~4.8kHZ,这也正好是水下航行器辐射噪声特征频率所在的频带(定义其为

敏感特征频带），频带中包含了丰富的目标特征信息，因而该频带分量的近似熵 $ApEn^{2,3}$ 和 $ApEn^{3,6}$ 也能敏感的反映目标特征的任何变换。而其他频带表现的几乎是背景噪声的分布情况，对目标出现后的变换反应不敏感，对应的近似熵也就相差不大，是反映的背景噪声特征。

利用 10 组背景噪声样本（编号 1～10）和 10 组水下航行器辐射噪声样本（编号 11～20)进一步对近似熵 $ApEn^{2,3}$ 和 $ApEn^{3,6}$ 的有效性进行分析，如图 4-21 所示。

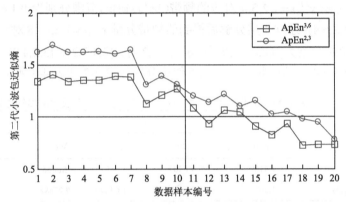

图 4-21　背景噪声和水下航行器辐射噪声的近似熵比较

从图 4-21 中可以看出，敏感特征频带中的近似熵 $ApEn^{2,3}$ 和 $ApEn^{3,6}$ 从总体上可以将目标从背景噪声中区分出来。对于 $ApEn^{3,6}$ 来说，前 10 个背景噪声样本的近似熵均值为 1.3161，后 10 个目标辐射噪声样本的近似熵均值为 0.8986，它们之间的近似熵之差为 0.4175。分析 $ApEn^{2,3}$ 可以看出，前 10 个背景噪声样本的近似熵均值为 1.5441，后 10 个目标辐射噪声样本的近似熵均值为 1.0591，它们之间的近似熵之差为 0.4850。与 $ApEn^{3,6}$ 相比，背景噪声和目标辐射噪声之间的近似熵距离增加了 0.0675，即利用 $ApEn^{2,3}$ 来区分目标辐射噪声与背景噪声比利用 $ApEn^{3,6}$ 更为有效。

4.3.4　基于时频分析的被动检测模型

时频分析方法可以从时域和频率这两个不同的角度对信号进行观察和表征，它们展开过程中固有的局部化特性使其特别适合于描述瞬态信号[12-16]。例如，在实际应用中，可选择基于短时傅里叶变换、Wigner-Ville 分布和小波变换等现代信号处理的时频分析方法，以与瞬态水声信号的非对称及突变特性相适应。利用时频方法展开，得到观测信号 $x(t)$ 的时频分析展开系数后，就可以用其系数来检测瞬态的水声信号目标是否存在。对二元检测问题中的传统辨别式两边求时频分析

展开系数，得

$$H_0 : x_{m,n} = v_{m,n}$$
$$H_1 : x_{m,n} = s_{m,n} + v_{m,n}$$

（4-29）

式中，$s_{m,n} = S(t,f) = |\mathrm{TF}(t,f)|^2$ 为对待检测信号 $s(t)$ 进行某种时频分析后得到的展开系数的能量。这时，两个条件概率密度的似然比为

$$h(x_{m,n}) = \ln p(x_{m,n} | H_1) - \ln p(x_{m,n} | H_0)$$

（4-30）

在检测过程中，选定判决准则（如 Neyman-Pearson 准则）就可进行信号检测。由此可以定义时频分析被动检测模型的判别式为

$$T_{\mathrm{TF}} = 20 \cdot \lg[\max(|\mathrm{TF}(t,f)|)] \underset{H_0}{\overset{H_1}{\gtrless}} \lambda_{\mathrm{TF}}$$

（4-31）

式中，T_{TF} 为检验统计量；λ_{TF} 为检验门限。

实际应用判别式（4-31）时，为了充分地利用时频信息，将时频面划分为 $N \times N$ 等份，取 N^2 个最大时频能量的平均值作为检测统计量。时频面划分的示意图如图 4-22 所示。

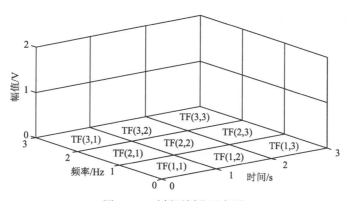

图 4-22　时频面划分示意图

如图 4-22 所示，取 $N=3$，沿时间轴和频率轴将时频面划分为 3×3 个等份 $\mathrm{TF}(i,j)$，$(i,j=1,2,3)$。此时的时频分析被动检测模型的判别式为

$$T_{\mathrm{TF}} = \frac{1}{N^2} \sum_{i=1}^{N} \sum_{j=1}^{N} 20 \cdot \lg[\max(|\mathrm{TF}(i,j)|)] \underset{H_0}{\overset{H_1}{\gtrless}} \lambda_{\mathrm{TF}}$$

（4-32）

下面利用一个仿真信号对基于时频分析的被动检测模型进行说明。设观测信号为

$$x(t) = s(t) + v(t) = \sum_{i=1}^{3} \exp[-(t-t_i) + \mathrm{j}2\pi f_i(t-t_i)] + v(t)$$

（4-33）

式中，$s(t)$ 由三个不同瞬时信号叠加而成；t_1、t_2、t_3 分别为 10s、10s、35s；f_1、f_2、f_3 分别为 5.5Hz、7.5Hz、5.5Hz；$v(t)$ 为高斯白噪声。设定信噪比 SNR=5dB，仿真信号的波形如图 4-23 所示。

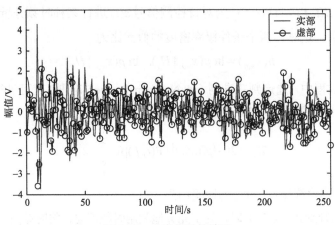

图 4-23　仿真信号的波形

　　仿真信号经过基于短时傅里叶变换、基于 Wigner-Ville 分布和基于 Morlet 小波变换后的时频谱分别如图 4-24～图 4-26 所示，可以看出，这三种时频分析方法

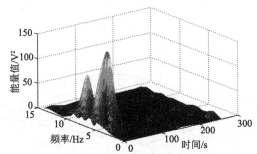

图 4-24　基于短时傅里叶变换仿真信号的时频检测

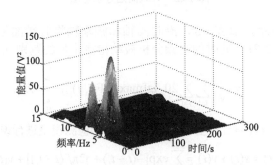

图 4-25　基于 Wigner-Ville 分布仿真信号的时频检测

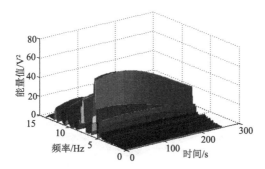

图 4-26 基于 Morlet 小波变换仿真信号的时频检测

的时频谱不仅可以将瞬时信号的频率和时间检测出来，而且在目标检测时，可以根据统计设定一个检测门限 λ，从噪声背景中将目标检测的峰值检测出来，从而达到实现目标检测的目的。

利用基于时频分析的被动检测方法对某一实测的舰船辐射噪声进行检测分析，采样频率为 $F_s = 6\,\text{kHz}$，采样时间为 85.3ms，它的时域波形及其功率谱如图 4-27 所示。

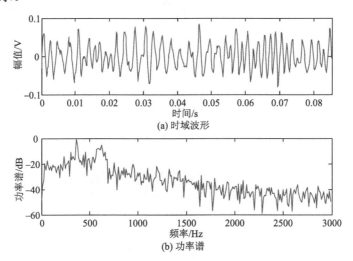

图 4-27 舰船辐射噪声的时域波形及其功率谱

图 4-27 中的舰船辐射噪声信号经过基于短时傅里叶变换、基于 Wigner-Ville 分布和基于 Morlet 小波变换后的时频谱分别如图 4-28～图 4-30 所示。

从图 4-28～图 4-30 中可以看出，这三种基于时频分析的检测方法都可以将辐射噪声中的特征频率分量提取出来，特别是基于 Morlet 小波变换的时频检测方法提取出的两个低频分量明显可辨，这说明它的频率分辨率更高，具有较好的检测性能。

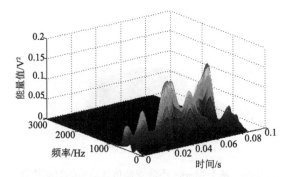

图 4-28　基于短时傅里叶变换舰船辐射噪声信号的时频检测

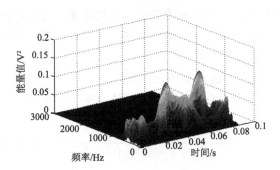

图 4-29　基于 Wigner-Ville 分布舰船辐射噪声信号的时频检测

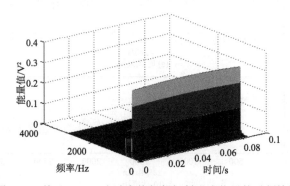

图 4-30　基于 Morlet 小波变换舰船辐射噪声信号的时频检测

　　为了对比研究上述三种基于时频分析的被动检测模型的检测性能，利用这三种被动检测模型对实测的 10 组背景噪声样本（编号 1～10）和 10 组舰船辐射噪声样本（编号 11～20）进行目标检测分析，每个样本的采样频率 $F_s = 6\text{kHz}$，采样时间为 85.3ms。背景噪声信号和舰船辐射噪声信号的短时傅里叶变换的检测统计量 T_{STFT}、Wigner-Ville 分布的检测统计量 T_{WV} 和 Morlet 小波变换的检测统计量 T_{WT} 如图 4-31 所示。

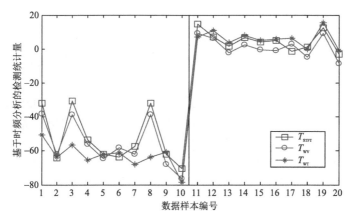

图 4-31 背景噪声信号和舰船辐射噪声信号的时频分析检测统计量比较

从图 4-31 中可以看出，三种基于时频分析的被动检测模型都能够将舰船辐射噪声样本从背景噪声样本中区分出来。对于基于短时傅里叶变换的检测统计量 T_{STFT} 来说，前 10 个背景噪声样本的 T_{STFT} 均值为–52.7197 dB，后 10 个舰船辐射噪声样本的 T_{STFT} 均值为 4.8584 dB，它们之间的统计量之差为 57.5781 dB。分析基于 Wigner-Ville 分布的检测统计量 T_{WV} 可以看出，前 10 个背景噪声样本的 T_{WV} 均值为–56.2352 dB，后 10 个舰船辐射噪声样本的 T_{WV} 均值为 1.2678 dB，它们之间的统计量之差为 57.5030 dB。对于基于 Morlet 小波变换的检测统计量 T_{WT}，前 10 个背景噪声样本的 T_{WT} 均值为–62.9371 dB，后 10 个舰船辐射噪声样本的 T_{WT} 均值为 6.0912 dB，统计量之差为 69.0283 dB。

因此，基于短时傅里叶变换的被动检测模型和基于 Wigner-Ville 分布的被动检测模型的检测性能差不多，它们的舰船辐射噪声的检测统计量比背景噪声的检测统计量大约高 57.5 dB；在基于 Morlet 小波变换的被动检测模型中，由于舰船辐射噪声的检测统计量比背景噪声的检测统计量高出了 69.0283dB，故基于 Morlet 小波变换的被动检测模型的检测性能是这三种方法中最好的。从图 4-31 中可以看出，相对于另外两种方法而言，基于 Morlet 小波变换的检测统计量 T_{WT} 对背景噪声的统计起伏是最小的，这也说明了基于 Morlet 小波变换对背景噪声的抑制能力比短时傅里叶变换和 Wigner-Ville 分布都要好。

4.4 被动检测模型应用研究

本节结合科研项目的需求，构建了水中目标被动检测系统，其工程应用流程图如图 4-32 所示。在该流程图中，通过水听器接收水中目标的辐射噪声 $x(n)$，经过滤波后得到滤波信号 $x'(n)$；将 $x'(n)$ 输入到被动检测软件系统中计算其检测统计

量 T ，从而进行目标检测判断：

（1）当 T 小于一级门限 λ_1 时，检测结果为无目标存在。

（2）当 T 位于一级门限 λ_1 和二级门限 λ_2 之间时，检测结果为预警状态，表示此时的检测样本需要引起重视。

（3）当 T 大于二级门限 λ_2 时，检测结果为报警状态，表示此时发现目标。

滤波的目的是尽量地消除噪声的干扰，选择到目标特征所在的特征频带，此处选用第二代小波滤波方法；被动检测系统中可以采用 4.3.1～4.3.4 小节构建的四种新型的水中目标被动检测模型中的任何一种，这里分别编制了四套被动检测软件系统；采用两个门限 λ_1 和 λ_2 的目标是最大限度地减少虚警和漏检事件的发生。

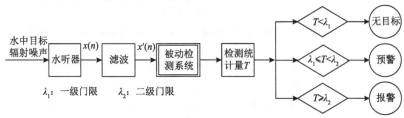

图 4-32　被动检测系统的工程应用流程图

根据图 4-32 的工程应用流程，编制的四套水中目标被动检测软件系统分别记为集成被动检测系统 EL_ensemble、经验模式能量熵被动检测系统 EMD_EE、第二代小波包近似熵被动检测系统 SGWP_ApEn 和 Morlet 小波时频分析被动检测系统 Morlet_TF。

在应用中，辐射噪声信号的原始采样频率为 240kHz，降频处理后的正交采样频率 10kHz，采集的某水中目标辐射噪声信号的正交采样时域波形如图 4-33 所示。

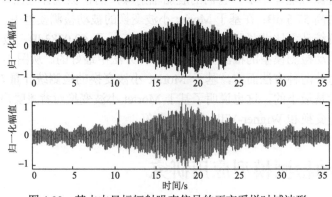

图 4-33　某水中目标辐射噪声信号的正交采样时域波形

利用四套水中目标被动检测软件系统分别对图 4-33 中的辐射噪声信号进行目标检测分析，每帧数据的累积时间为 409.6ms，每次运算滑动 1/2 帧，204.8ms 输出一次目标检测结果。

用前 N 帧数据 $X(n)$ $(n=1,2,\cdots,N)$ 样本进行检测门限的计算。两个门限 λ_1 和 λ_2 分别设定为

$$\begin{cases} \lambda_1 = \bar{T} + \sigma \\ \lambda_2 = 2\max(T[X(n)]) - \lambda_1 \end{cases} \tag{4-34}$$

式中，$\bar{T} = \dfrac{1}{N}\sum_{n=1}^{N} T[X(n)]$；$\sigma = \sqrt{\dfrac{1}{N}\sum_{n=1}^{N}(T[X(n)] - \bar{T})^2}$；$T[X(n)]$ 为第 n 帧数据 $X(n)$ 的检测统计量。

在四套水中目标被动检测软件系统中，分别设定前 20 帧数据作为检测门限的计算样本。集成被动检测系统 EL_ensemble、经验模式能量熵被动检测系统 EMD_EE、第二代小波包近似熵被动检测系统 SGWP_ApEn、Morlet 小波时频分析被动检测系统 Morlet_TF 的检测统计量和检测结果分别如图 4-34～图 4-37 所示。

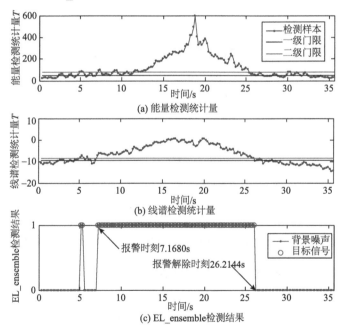

(a) 能量检测统计量

(b) 线谱检测统计量

(c) EL_ensemble检测结果

图 4-34　集成被动检测系统的检测统计量及其检测结果

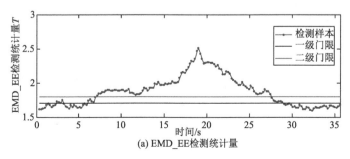

(a) EMD_EE检测统计量

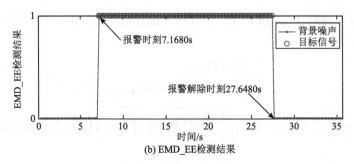

(b) EMD_EE检测结果

图 4-35　经验模式能量熵被动检测系统的检测统计量及其检测结果

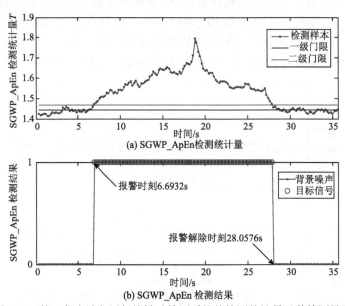

(a) SGWP_ApEn检测统计量

(b) SGWP_ApEn检测结果

图 4-36　第二代小波包近似熵被动检测系统的检测统计量及其检测结果

图 4-34～图 4-37 对应的四套水中目标被动检测系统的报警时刻和报警解除时刻对比如表 4-4 所示。

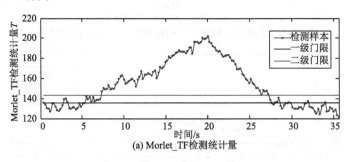

(a) Morlet_TF检测统计量

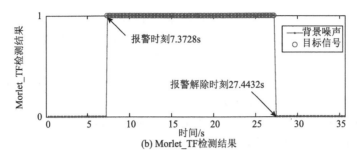

图 4-37　Morlet 小波时频分析被动检测系统的检测统计量及其检测结果

表 4-4　四套检测系统对水声目标的报警时刻和解除报警时刻对比

检测系统类型	报警时刻/s	报警解除时刻/s	报警时长/s
EL_ensemble	7.1680	26.2144	19.0464
EMD_EE	7.1680	27.6480	20.4800
SGWP_ApEn	6.6932	28.0576	21.3644
Morlet_TF	7.3728	27.4432	20.0704

　　可以看出，尽管报警时刻有微小差别，但四套检测系统都能在 7s 左右有效地将目标检测出来。最早检测出目标的是 SGWP_ApEn 系统，它也是解除报警最晚的检测系统。这说明当水中目标由远及近驶向被动检测系统时，SGWP_ApEn 系统最先发现目标；当目标再由近及远驶离被动检测系统时，SGWP_ApEn 系统对目标的检测距离最长、跟踪性能最好。检测性能较好的依次为 EMD_EE 系统和 Morlet_TF 系统，它们的性能差距不大。由于出现了 2 个样本的误检，集成检测系统 EL_ensemble 的检测性能相对较差，当然这样的虚警也可以通过调整门限加以消除。

　　总体来说，这四套水中目标被动检测系统都能满足项目的需求。

4.5　小结

　　本章在分析能量检测、线谱检测和过零率检测这三种常规检测方法性能的基础上，为了克服单一检测方法获取目标信息不全面和检测性能不足的问题，提出了基于能量检测和线谱检测的集成检测模型。同时将 EMD 技术解决非平稳、非线性问题和熵描述复杂模式变化的优势相结合，提出一种基于经验模式能量熵的水中目标被动检测模型。结合近似熵描述水中目标辐射噪声信号的不规则性和复杂性优势，以及利用第二代小波包正交分解水声信号的特点，提出一种基于第二代小波包近似熵的被动检测模型。利用小波变换等时频分析方法，同时从时域和频域对水声信号进行多角度观测的优点，提出基于时频分析的被动检测模型。结合仿真和实测数据，对本章提出的四种新型的被动检测模型的性能进行了研究；同时针对工程应用需求，根据提出的四种新型的被动检测模型编制了四套水中目标被动检测软件系统。本章结论如下。

（1）通过对仿真的水下航行器辐射噪声目标检测分析发现，在常规的检测方法中，线谱检测器的检测性能最好，过零率检测器的检测性能次之，而能量检测器由于受水声信号非高斯性的影响，其检测性能在检测过程中相对较差。

（2）由于能量检测器和线谱检测器中能量特征和频率特征分别从两个不同的方面对特征数据进行描述，因而基于能量检测器和线谱检测器的集成被动检测系统 EL_ensemble 有效地改善了这两种单一检测方法的性能。

（3）将基于经验模式能量熵被动检测系统 EMD_EE 与传统的小波变换方法进行了比较，验证了该模型不仅能有效地监测信号子频带的能量变换，而且还极大地优化了检测目标检测区间，增加了模式间的区分距离。

（4）第二代小波包分解后得到的频带分量能够较稳定地反映水中目标辐射噪声信号与背景噪声信号的差异；在基于第二代小波包近似熵被动检测系统 SGWP_ApEn 中，小波包分解 2 层后得到的第 3 个分量的近似熵 $ApEn^{2,3}$ 和分解 3 层后得到的第 6 个分量的近似熵 $ApEn^{3,6}$ 都能够敏感地反映目标特征的任何变换，可以在检测模型中作为有效的检测统计量；实际应用中，利用 $ApEn^{2,3}$ 来区分目标辐射噪声与背景噪声比利用 $ApEn^{3,6}$ 更为有效。

（5）在水声信号时频分析图中，基于 Morlet 小波变换的时频分析方法的频率分辨率比基于短时傅里叶变换和基于 Wigner-Ville 分布的都要高；尽管基于这三种时频分析的被动检测模型都能够将舰船目标辐射噪声样本从背景噪声样本中区分出来，但是相对于另外两种方法而言，基于 Morlet 小波变换的检测统计量 T_{WT} 对背景噪声的统计起伏是最小的，它对背景噪声的抑制能力比基于短时傅里叶变换和基于 Wigner-Ville 分布都要好。

（6）通过对四套被动检测软件系统的工程应用发现，集成被动检测系统 EL_ensemble、经验模式能量熵被动检测系统 EMD_EE、第二代小波包近似熵被动检测系统 SGWP_ApEn、Morlet 小波时频分析被动检测系统 Morlet_TF 都能在 7s 左右有效将水中目标检测出来，这也验证了四种新型被动检测模型的有效性和可靠性。

参 考 文 献

[1] 李启虎. 水声信号处理领域新进展[J]. 应用声学, 2012, 31(1): 2-9.
[2] 胡桥. 水声目标的 EMD 能量熵检测方法研究[C]//中国造船工程学会 2007 年优秀学术论文集. 北京: 中国造船

工程学会, 2008.

[3] 胡桥, 郝保安, 吕林夏, 等. 一种新的水声目标 EMD 能量熵检测方法[J]. 鱼雷技术, 2007, 15, (6): 9-12.

[4] 李启虎. 进入 21 世纪的声呐技术[J]. 信号处理, 2012, 28(1): 1-11.

[5] 胡桥, 郝保安, 易红, 等. 水中高速小目标被动检测模型及其应用[J]. 鱼雷技术, 2012, 20(4): 261-266.

[6] 周有, 韩鹏, 相敬林. 舰船噪声通过特性过零数特征的分析与应用[J]. 探测与控制学报, 2007, 29(1): 64-67.

[7] 胡桥, 郝保安, 吕林夏, 等. 经验模式能量熵在水声目标检测中的应用[J]. 声学技术, 2007, 26(5): 181-183.

[8] 胡桥, 郝保安, 吕林夏, 等. 组合 SGWT 和 EMD 的水声目标辐射噪声特征提取方法[J]. 仪器仪表学报, 2008, 29(2): 454-459.

[9] Hu Q, He Z J, Zhang Z S, et al. Fault diagnosis of rotating machinery based on improved wavelet package transform and SVMs ensemble[J]. Mechanical Systems and Signal Processing, 2007, 21(2): 688-705.

[10] 胥永刚, 李凌均, 何正嘉. 近似熵及其在机械设备故障诊断中的应用[J]. 信息与控制, 2002(6): 547-551.

[11] Signorini M G, Sassi R, Lombardi F, et al. Regularity patterns in heart rate variability signal: the approximate entropy approach [C]. Proceedings of the 20th Annual International Conference of the IEEE Engineering in Medicine and Biology Society, Hong Kong, China, 1998, 20(1): 306-309.

[12] 李庆忠, 周祥振, 黎明, 等. 基于时频分析的海杂波背景下舰船目标检测[J]. 计算机应用研究, 2018, 35(1): 52-55, 61.

[13] 李楠. 水下弱目标信号的 Duffing 振子检测方法研究[D]. 哈尔滨: 哈尔滨工程大学, 2017.

[14] 胡桥, 何正嘉, 訾艳阳, 等. 基于模糊支持矢量数据描述的早期故障智能监测诊断[J]. 机械工程学报, 2005, (12): 145-150.

[15] 李凌均, 张周锁, 何正嘉. 基于支持向量数据描述的机械故障诊断研究[J]. 西安交通大学学报, 2003, (9): 910-913.

[16] 严侃, 雷江涛. 基于时频分析的水声目标被动检测模型研究[J]. 鱼雷技术, 2015, 23(1): 26-29.

5

水中目标智能被动检测理论

5.1 引言

水声目标智能检测是水下防务计划发展和海洋资源开发的关键技术之一，是水下探测系统智能化的重要标志，一直是声呐信息处理理论中亟待解决的难题。开展该领域的研究工作具有极其重要的军事价值和现实意义。长期以来，水声目标检测主要靠声呐操作员监听和观察信号谱图来进行。训练一个熟练的声呐员需要很长的时间，且目标检测精度受人的精神状况和心理素质等因素的影响较大，同时由于舰船、潜艇和水下航行器等水声目标的结构复杂、自动化程度高等影响，需要测量的数据量也十分巨大。大量的数据全部依靠人工来分析显然是不现实的，因此必须提高水声目标检测系统的智能化程度。

在应用中，由于各型号的舰船、潜艇和水下航行器等水声目标种类繁多，往往需要检测的对象也多，分析处理的数据量大，进行智能检测器训练的检测样本严重缺乏，而且水声目标是一个复杂的系统，时变性、随机性以及水声信号的"三非"特性等多方面的因素使得模糊理论、专家系统、神经网络和聚类分析等传统的智能检测方法难以对水声目标的出现做出准确有效的检测，特别是对于远程的低信噪比目标信号，更缺乏有效的检测手段[1,2]。为了解决水声目标智能检测领域存在的问题，有必要研究和引入新的理论和技术，提出新的、高效的智能检测技术和方法。

一个基本的智能检测和识别系统主要由四个部分组成：数据获取、特征提取、特征选择及自动判别决策[3-5]。

由于海洋环境的复杂性和水声信道的特殊性，对舰船等水声目标辐射噪声的特征提取一直是水声信号处理的一个难题。水中目标的噪声十分复杂，使得水中远程微弱目标检测和识别技术未能很好地实用化，主要在于还没有对水中目标的发声机理及噪声在海洋信道中传播受到的干扰及畸变做出全面正确的描述。目标特征提取是目标检测和识别过程的关键，是否能提取目标的本质特征直接关系到目标检测和识别的效果，而目标本质特征提取的准确与否又与所使用的方法有关，在所有的方法中，以可提取信息量多且抑制干扰强者为优选之法。然而，对于复杂海洋环境中远程微弱的水声信号，单一的信号处理方法很难全面地提取出反映水声目标的特征信息。从第 3 章中新型水声信号处理方法的研究可知，经验模式分解（EMD）是信号处理领域内一种解决非平稳、非线性信号分析问题的新方法，它能够按信号自身的内在特性，自适应地将反映动态信号特征成分的 IMF 分量提取出来[6,7]。根据水声目标信号的特点，利用频带滤波、Hilbert 包络解调和 EMD 等现代信号处理方法从时域和频域等角度对原始水声信号进行综合特征提取，这样的特征集合能更全面地反映水声目标辐射噪声信号的本质。

尽管提取的多个时域或频域特征可以直接输入到检测器或识别器中进行目标检测，但是在这些特征中常常包含大量的噪声、相关或冗余信息，采用距离评估技术可以选择到敏感的分类特征，从而提高检测器或识别器的精度并减少其学习时间[8]。

由于涉及国防和军事机密，在水声目标检测和识别中，各类水声目标的辐射噪声数据样本的获取一般比较困难，故很稀少。在水声目标检测中，海洋环境背景噪声的数据样本很容易获得，故大量存在；而各类水声目标的辐射噪声数据样本却比较稀少。为了解决在目标检测中缺少目标样本的问题，国内外一些学者对基于模式识别的单值检测方法进行了研究[9]。应用单值检测方法，仅仅依靠海洋环境背景下的噪声数据样本，就可以建立起单值目标检测器，从而对水声目标进行检测。

对于水声目标检测这种小样本模式识别问题，基于结构风险最小化的支持向量数据描述（support vector data description，SVDD）方法具有神经网络等智能方法无可比拟的优越性：一方面，SVDD 方法是一种单值检测器，只需要一种类别的数据（如背景噪声）作为训练样本就能进行检测，而神经网络等方法至少需要两种及以上类别的数据（如背景噪声和至少一种目标的辐射噪声）作为训练样本，这为数据的获取增加了难度；另一方面，基于经验风险最小化的神经网络需要大量的学习样本才能得到满意的应用效果，而 SVDD 方法只需要少量的背景噪声数据样本就能将检测器模型训练好。为了尽可能多地利用全部有用信息、优势互补，利用"投票策略"方法将多个单一检测器加以组合，构成检测性能优于单一检测器的组合 SVDD 方法检测器，从而增强目标检测系统的通用性。

虽然应用基于常规 SVDD 方法的单值检测方法，仅仅依靠海洋环境背景下的噪声数据样本，就可以建立起单值目标检测器，从而对水声目标进行检测。但该方法没有考虑样本在测量过程中的重要性，将所有背景噪声样本与目标远近程度或信噪比不同的样本同等看待，故在整个检测过程中只能对目标的有无进行简单判断，而不能对目标辐射噪声的起伏，信噪比从小到大的渐变过程做出准确检测。

模糊支持向量数据描述（fuzzy support vector data description，FSVDD）方法就是在这个指导思想下提出的。它继承了 SVDD 方法单值检测的优点，同时融入了模糊数学的思想，根据测量样本的重要程度，用模糊隶属度对常规 SVDD 方法中的核函数进行刻画，从而实现对目标样本进行分等级检测[10]。

根据上述讨论，本章提出将现代信号处理方法、特征提取技术、特征选择技术与组合 SVDD 算法和 FSVDD 方法进行综合，构造出两种适合水声目标智能检测的新模型。

5.2 特征提取与特征选择技术

水声目标辐射噪声的特征提取与选择是目标检测和识别的关键环节，提取与选择出敏感的目标特征可以提高识别的效率和准确率。为了提取到复杂水声信号的更多有效特征，利用频带滤波、Hilbert 包络解调和 EMD 等信号处理方法从时域和频域两方面进行特征提取。

5.2.1 特征提取

1. 原始信号的统计特征

对于水声目标的辐射噪声信号，根据表 2-2 提取的特征集由原始信号的 11 个时域特征参数 t_i（$i=1,2,\cdots,11$）和 13 个频域特征参数 f_i（$i=1,2,\cdots,13$）组成。本书中，分别利用原始水声信号的 11 个时域特征参数构成时域特征集 $S1$，原始信号幅值谱的 13 个频域特征参数组成频域特征集 $S2$。

2. 滤波后信号的统计特征

舰船等水声目标的辐射噪声通常由机械噪声、水动力噪声和螺旋桨噪声三部分组成，其中既有宽带连续谱分量和较强的窄带线谱分量，又有明显的调制成分，而且这些调幅或调频现象有时在高频部分更为显著。因此根据辐射噪声的分布特点，将水声信号划分成四个频率段部分，第一个频率段成分为 1kHz 以下的低通滤波信号 LP1，第二、三个频率段成分分别为 1～5 kHz、5～10 kHz 的带通滤波信号 BP2 和 BP3，最后一个频率段成分为 10 kHz 以上的高通滤波信号 HP4。同理按照表 2-2 中的特征参数表达式，对滤波后得到的 4 个分量信号分别提取它们的 11 个时域特征，共 44 个时域特征构成时域特征集 $S3$。为了分析水声信号中的调制成分，对滤波后的 4 个分量进行 Hilbert 包络解调分析，对得到的 4 个 Hilbert 包络谱分别提取 13 个频域特征，共 52 个频域特征构成频域特征集 $S4$。

3. EMD 分量的统计特征

对于具有"三非"性质的复杂水声信号，为了提取到更多的有效特征，可以利用自适应信号分解方法——EMD 方法将原始水声信号分解为若干个 IMF 分量，然后提取出每个 IMF 分量的时域、频域和能量特征。

利用 EMD 方法处理水声信号时，经过大量的统计实验发现，前 8 个 IMF 分量包含了原始水声信号的绝大部分有效信息，因此在提取特征时，选取前 8 个 IMF 分量作为特征提取的有效分量。根据表 2-2，对于一个水声信号样本，计算出 EMD 后的每个 IMF 分量的 11 个时域特征，共 88 个时域特征作为时域特征集 $S5$。同时，计算每个 IMF 分量的 Hilbert 包络谱，分别提取出 13 个频域特征，共 104 个特征构成频域特征集 $S6$。

第 i（$i=1,2,\cdots,8$）个 IMF 分量的能量可以表示为 $E(f_i)=\dfrac{1}{N-1}\sum\limits_{n=1}^{N}(f_i(n))^2$，为了在应用上通用化，采取归一化相对能量特征，即第 i 个 IMF 分量的相对能量为 $e_i=\dfrac{E(f_i(t))}{\sum\limits_{k=1}^{8}E(f_k(t))}$。

将 8 个 IMF 分量的相对能量构成的集合 $E=\{e_1,e_2,\cdots,e_8\}$ 作为能量特征集 $S7$。

5.2.2 特征选择

由于提取的特征常常存在一定的不相关或冗余性，故采用一种有效的特征选择方法——特征距离评估技术对这些特征进行有效的选择，最终构成用于分类的敏感特征集[5,11]。

假设 c 个模式类 $\omega_1,\omega_2,\cdots,\omega_c$ 的联合特征向量集为

$$\{p^{(i,k)},i=1,2,\cdots,c;k=1,2,\cdots,N_i\}$$

式中，$p^{(i,k)}$ 为 ω_i 中的第 k 个特征；N_i 为 ω_i 中特征向量的数目。特征选择可分为以下六个步骤。

（1）计算 ω_i 中所有特征向量间的平均距离为

$$S_i=\frac{1}{2}\frac{1}{N_i}\sum_{j=1}^{N_i}\frac{1}{N_i-1}\sum_{k=1}^{N_i}\left|p^{(i,j)}-p^{(i,k)}\right| \tag{5-1}$$

对 $S_i(i=1,2,\cdots,c)$ 求平均后得到平均类内距离为

$$S_{\mathrm{w}}=\frac{1}{c}\sum_{i=1}^{c}S_i \tag{5-2}$$

（2）定义平均类内距离 S_{w} 的偏差因子为

$$V_{\mathrm{w}}=\frac{\max(S_i)}{\min(S_i)} \tag{5-3}$$

（3）计算 c 个模式类的类间距离为

$$S_b = \frac{1}{c}\sum_{i=1}^{c}\left|\mu^{(i)} - \mu\right| \qquad (5\text{-}4)$$

式中，$\mu^{(i)} = \frac{1}{N_i}\sum_{k=1}^{N_i}p^{(i,k)}$ 为 ω_i 中所有特征的均值；$\mu = \frac{1}{c}\sum_{i=1}^{c}\frac{1}{N_i}\sum_{k=1}^{N_i}p^{(i,k)}$ 为 c 个模式类样本的总体均值。

（4）计算模式类的平均类间距离 S_b 的偏差因子为

$$V_b = \frac{\max(\left|\mu^{(i)} - \mu\right|)}{\min(\left|\mu^{(i)} - \mu\right|)} \qquad (5\text{-}5)$$

（5）与常规距离评估技术不同，此处定义一个补偿因子为

$$\lambda = \frac{1}{\dfrac{V_w}{\max(V_w)} + \dfrac{V_b}{\max(V_b)}} \qquad (5\text{-}6)$$

（6）定义平均类间距离与平均类内距离的比值 J_A 为距离评估指标：

$$J_A = \lambda\frac{S_b}{S_w} \qquad (5\text{-}7)$$

从式（5-7）的定义中可以看出，小的平均类内距离和大的平均类间距离才具有好的可分性，因此可以按照距离评估指标 J_A 由大到小的顺序，从每个特征集 $S(i)$ 中选择 L 个 J_A 所对应的特征组成敏感特征集 $S_{sen}(i)$，兼顾检测精度和计算效率这两方面，L 的取值范围为 3～8。

为了加强目标检测方法的通用性和提高检测器的检测性能，将敏感特征集输入到检测器之前，先对每个敏感距离进行归一化处理。设第 i 个敏感特征集 $S_{sen}(i)$ 中有 M 个特征，则第 m 个归一化特征为

$$\overline{p}^{(i,m)} = \frac{p^{(i,m)} - \min(p^{(i,m)})}{\max(p^{(i,m)}) - \min(p^{(i,m)})}, \quad (i=1,2,\cdots,7; m=1,2,\cdots,M) \qquad (5\text{-}8)$$

经过式（5-8）的变换后，敏感特征集 $S_{sen}(i)$ 转换为归一化敏感特征集 $\overline{S}_{sen}(i)$。

5.3 支持向量数据描述的基本原理

支持向量数据描述（SVDD）是由 Tax 等[12]于 2004 年提出的一种单值分类方法，其理论基础源于 Vapnik 提出的支持向量机（support vector machine, SVM）。由于具有完备的理论基础，使得 SVDD 在图像识别、语音识别和目标入侵检测等方面已经得到了成功的应用[13-15]。

如图 5-1 所示，SVDD 的基本思想是把要描述的对象（背景噪声样本）作为一个整体，建立一个封闭而紧凑的区域 Ω（半径为 R 的超球体），使被描述的对象全部或尽可能多的包容在 Ω 内，而非该类对象（目标样本）没有或尽可能少的包含在 Ω 内。

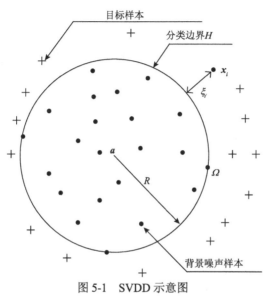

图 5-1　SVDD 示意图

假定一个数据集 S 含有 n 个要描述的数据 $\{x_i\}$，$i=1,2,\cdots,n$，其中 $S \subseteq X$，$X \subseteq \Re^d$。定义 $\Phi: X \to F$ 为 X 从原空间到高维特征空间 F 的一个映射。F 的维数可能是非常高的，但可以借助支持向量机中的核函数[16]巧妙地解决这个问题。根据泛函的有关理论，只要一种核函数 $K(x_i, x_j)$ 满足 Mercer 条件，它就对应某一个变换空间的内积，即 $K(x_i, x_j) = \Phi(x_i) \cdot \Phi(x_j)$。这样在高维空间上只需进行内积运算，而这种内积运算可以用原空间中的函数实现，无需知道 $\Phi(x)$ 的具体形式。本方法的目标是要寻找到一个最小体积的超球体，使所有的 $\Phi(x_i)$ 都包含在该球体内。超球体可用其中心 a 和半径 R 表示。该超球体应满足如下关系：

$$\min \varepsilon(R, a, \xi) = R^2 + C \sum_{i=1}^{n} \xi_i \quad i=1,\cdots,n \qquad (5\text{-}9)$$

约束条件：

$$\left\| \Phi(x_i) - a \right\|^2 \leqslant R^2 + \xi_i, \ \xi_i \geqslant 0 \qquad (5\text{-}10)$$

式（5-9）和式（5-10）中，$\xi_i \geqslant 0$，$i=1,\cdots,n$，为增强其分类的鲁棒性的松弛因子；C 为某个指定的常数，起到对错分样本惩罚程度进行控制的作用，实现在错分样本的比例和算法复杂程度之间的折中，这也正是统计学习理论中关于结构风险最小化的体现。

对式（5-9）进行优化，即相当于求 $\varepsilon(R, \boldsymbol{a}, \xi)$ 的最小值，可先求出参数 R、$\boldsymbol{a}$、ξ 的值。这是一个有约束的极值问题，为此构造 Lagrange 方程如下：

$$
\begin{aligned}
L(R, \boldsymbol{a}, \xi, \boldsymbol{a}, \gamma) = R^2 + C \sum_{i=1}^{n} \xi_i \\
- \sum_{i=1}^{n} \alpha_i [R^2 + \xi_i - (\boldsymbol{x}_i \cdot \boldsymbol{x}_j - 2\boldsymbol{a} \cdot \boldsymbol{x}_i + \boldsymbol{a} \cdot \boldsymbol{a})] - \sum_{i=1}^{n} \gamma_i \xi_i
\end{aligned}
\tag{5-11}
$$

式中，$\alpha_i \geqslant 0$，$\gamma_i \geqslant 0$ 为 Lagrange 系数；$\boldsymbol{x}_i \cdot \boldsymbol{x}_j$ 为 $\boldsymbol{x}_i$ 与 $\boldsymbol{x}_j$ 的内积。对于每一个样本 $\boldsymbol{x}_i$ 都有一个对应的 Lagrange 系数 α_i 和 γ_i。将上述 Lagrange 方程分别对 R、$\boldsymbol{a}$ 和 ξ_i 求偏倒数，并令其等于 0，得到：

$$
\sum_{i=1}^{n} \alpha_i = 1
\tag{5-12}
$$

$$
\boldsymbol{a} = \sum_{i=1}^{n} \alpha_i \boldsymbol{x}_i
\tag{5-13}
$$

$$
\gamma_i = C - \alpha_i,
\tag{5-14}
$$

可见 $\boldsymbol{a}$ 由 $\boldsymbol{x}_i$ 的线性组合而得到，是与 $\boldsymbol{x}_i$ 具有相同维数的向量。将 $\alpha_i \geqslant 0$ 和 $\gamma_i \geqslant 0$ 代入式（5-14）可得

$$
0 \leqslant \alpha_i \leqslant C
\tag{5-15}
$$

将式（5-12）～式（5-14）代入式（5-11）中，式（5-11）的 Lagrange 方程可写为

$$
L(R, \boldsymbol{a}, \xi, \boldsymbol{a}, \gamma) = \sum_{i=1}^{n} \alpha_i (\boldsymbol{x}_i \cdot \boldsymbol{x}_i) - \sum_{i=1, j=1}^{n} \alpha_i \alpha_j (\boldsymbol{x}_i \cdot \boldsymbol{x}_j)
\tag{5-16}
$$

在上面的计算中，用到了向量的内积运算 $\boldsymbol{x}_i \cdot \boldsymbol{x}_j$，这里同样可以利用 Vapnik 提出的空间转换理论，用核函数 $K(\boldsymbol{x}_i, \boldsymbol{x}_j)$ 来替代内积运算，实现由低维空间到高维空间的映射，从而将低维空间的非线性问题转化为高维空间的线性问题。因此，式（5-16）可写为

$$
L(R, \boldsymbol{a}, \xi, \boldsymbol{a}, \gamma) = \sum_{i=1}^{n} \alpha_i K(\boldsymbol{x}_i, \boldsymbol{x}_i) - \sum_{i=1, j=1}^{n} \alpha_i \alpha_j K(\boldsymbol{x}_i, \boldsymbol{x}_j)
\tag{5-17}
$$

式中，$\alpha_i \geqslant 0$ 为 Lagrange 系数。在实际计算中，多数的 α_i 为 0，只有少部分 $\alpha_i > 0$，不为 0 的 α_i 对应的样本称为支持向量，只有这少部分的支持向量才决定 $\boldsymbol{a}$ 和 R 的值，其他非支持向量因其对应的 $\alpha_i = 0$ 在计算中将被忽略，因此，这种方法的计算效率较高。超球半径 R 可由任一支持向量 $\boldsymbol{x}_k$ 按下式求出：

$$
R^2 = K(\boldsymbol{x}_k, \boldsymbol{x}_k) - 2\sum_{i=1}^{n} \alpha_i K(\boldsymbol{x}_i, \boldsymbol{x}_k) + \sum_{i=1, j=1}^{n} \alpha_i \alpha_j K(\boldsymbol{x}_i, \boldsymbol{x}_j)
\tag{5-18}
$$

对于一个新样本 z，判断它是否属于目标样本，有如下的判别函数：

$$f(z) = \left\| \boldsymbol{\Phi}(z) - \boldsymbol{a} \right\|^2 = K(z,z) - 2\sum_{i=1}^{n} \alpha_i K(z, \boldsymbol{x}_i) + \sum_{i=1, j=1}^{n} \alpha_i \alpha_j K(\boldsymbol{x}_i, \boldsymbol{x}_j) \quad （5-19）$$

对于式（5-19），如果 $f(z) \leqslant R^2$，则 z 属于目标样本，即接受其为该类；否则判断其为非目标样本，即拒绝接受。

5.4 基于组合支持向量数据描述的被动检测模型

5.4.1 被动检测模型构建

水声目标智能检测的本质是模式识别问题，因此需要建立一个基于模式识别的检测器，根据此检测器的输出参数直接对水声目标的出现进行检测。按照式（5-19）求出检测样本 z 到超球体中心 $\boldsymbol{a}$ 的距离 $R_z = \sqrt{f(z)}$ 后，引入参数 $\varepsilon_z = (R_z - R)/R$ 作为检测系数，表示对样本 z 的检测结果。当 $\varepsilon_z \leqslant 0$ 时，表示样本为背景噪声，无目标存在；反之，表示样本为水声目标的辐射噪声，即检测到目标的出现。

从信息论的角度来看，单一的智能检测方法是从不同的侧面来反映目标信息，为了尽可能多地利用全部有用信息，可以将多个单一检测器加以组合，构成组合检测器。相比于单一检测器，组合检测器能获得更好的检测性能，并且单一检测器间的差异越大，组合后的检测性能越好。经过各个不同的特征集训练后的每个单一检测器必然存在差异，这样的单一检测器构成的组合检测器的检测性能也会优于单一检测器。

将提取出的 K 个不同的归一化敏感特征集 $\overline{S}_{sen}(i)$ 训练成为 K 个单一 SVDD 检测器后，得到 K 个检测系数 $\varepsilon_z(i)$（$i = 1, 2, \cdots, K$）。

水声信号为海洋环境背景噪声时，即训练样本为单一的海洋环境背景噪声信号，为了增加单一检测器的鲁棒性，在每个检测系数 $\varepsilon_z(i)$ 上添加一个鲁棒因子 $\sigma(i)$（$\sigma(i)$ 为每个检测器中 $\varepsilon_z(i)$ 的偏差），记检测函数为 $F_z(i) = \varepsilon_z(i) + \sigma(i)$。当第 i 个检测器的检测系数 $F_z(i) \leqslant 0$ 时，说明检测样本 z 为背景噪声，反之为目标辐射噪声。定义检测器判别函数为

$$\text{Sign}(F_z(i)) = \begin{cases} 0, & F_z(i) \leqslant 0 \\ 1, & F_z(i) > 0 \end{cases} \quad （5-20）$$

基于投票策略（voting strategy）法后，K 个单一 SVDD 检测器构成的组合检测器的判别函数为

$$D_z = \sum_{i=1}^{K} \text{Sign}(F_z(i)) \quad （5-21）$$

根据最大投票原则，当 $D_z \leqslant \lfloor K/2 \rfloor$ 时，表示样本为背景噪声，无目标存在；当 $D_z > \lfloor K/2 \rfloor$ 时，表示样本为水声目标的辐射噪声，即检测到目标的出现。

经过上面的分析，建立的新型被动目标检测模型如图 5-2 所示。

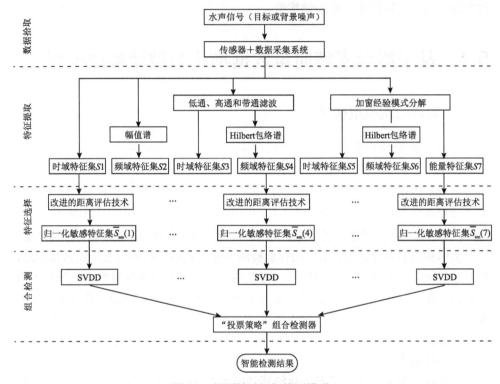

图 5-2　新型被动目标检测模型

如图 5-2 所示，海洋环境背景噪声或水声目标的辐射噪声经过传感器和数据采集系统的拾取后，可获得原始时域的水声信号；按照统计特征参数表 2-2，计算原始时域水声信号的 11 个时域统计特征构成时域特征集 S1，原始信号幅值谱的 13 个频域特征组成频域特征集 S2，对原始水声信号经过 1 个低通、2 个带通和 1 个高通滤波后得到的 4 个频带分量信号，分别提取它们的 11 个时域特征指标，共 44 个时域特征构成时域特征集 S3，将 4 个频带分量的 4 个 Hilbert 包络谱分别提取的 13 个频域特征，共 52 个频域特征构成频域特征集 S4，计算出改进的 EMD 得到的 8 个 IMF 分量的 11 个时域特征，共 88 个时域特征作为时域特征集 S5，计算每个 IMF 分量的 Hilbert 包络谱，提取出 13 个频域特征，共 104 个频域特征构成频域特征集 S6，将 8 个 IMF 分量的相对能量构成的集合作为能量特征集 S7；利用改进的特征距离评估技术对各个特征集进行特征选择，构成 7 个归一化敏感特征集；将 7 个归一化敏感特征集分别输入到相应的 SVDD 单值检测器中，利用投票策略对多个检测器的结果进行组合,建立水声目标的新型被动目标检测模型,最后得到智能检测结果。

5.4.2 应用研究

为了验证基于组合 SVDD 检测器的新型被动检测方法的有效性,对实测的 40 组水中背景噪声数据和 20 组某水下航行器通过时的辐射噪声数据进行分析,采样频率为 200kHz,每组数据的采样时间长度为 10ms。在 40 个背景噪声数据样本中,随机选取 20 个作为训练样本集,剩余的 20 个背景噪声数据样本(编号 1~20)与 20 个某水下航行器的辐射噪声数据样本(编号 21~40)组成测试样本集。

图 5-3 为经过训练样本训练后,单一 SVDD 检测器对 7 个敏感特征集和全体特征集的检测结果。可以看出,对于 7 个单一 SVDD 检测器,除了第 2 个外,其

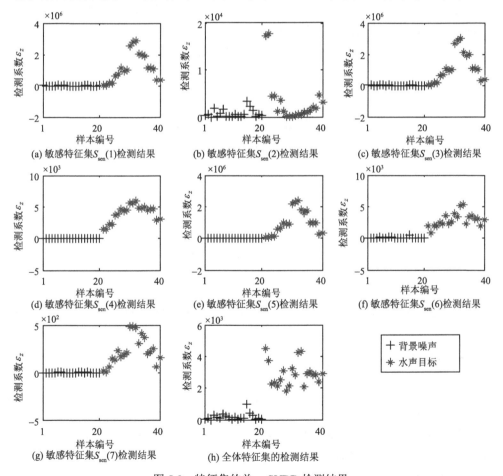

图 5-3 特征集的单一 SVDD 检测结果

余 6 个单一检测器均能较好地将目标从背景噪声中检测出来，而且通过检测系数还可以观察到水声目标的通过性能变化。在图 5-3（h）中，从没有经过特征选择的全体特征集的检测结果可以看出，前 20 个背景噪声样本的检测系数 $\varepsilon_z > 0$ 的样本个数很多，说明误检情况很严重；尽管后 20 个目标辐射噪声可以检测出来，但是无法反映出水声目标的通过性能。这也说明，经过特征选择的单一 SVDD 检测器的检测性能优于没有经过特征选择的检测器。

图 5-4 为实测数据的单一 SVDD 检测器和组合 SVDD 检测器的检测性能比较，可以看出，7 个单一 SVDD 检测器训练样本的平均检测率（87.14%）和测试样本的平均检测率（91.07%）都高于不经过特征选择的检测器的训练样本检测率（75%）和测试样本检测率（87.5%），这也说明了特征选择的重要性。而混合智能检测器的训练样本检测率（95%）和测试样本检测率（99%）比单一 SVDD 检测器的检测率都要高，这是由于经过特征提取和选择后，由投票策略组合各个单一 SVDD 检测器形成的混合智能检测器集成了各个单一检测器的优点，混合智能检测器包含了更为广泛而全面的信息量，其检测性能的泛化性和鲁棒性更好。

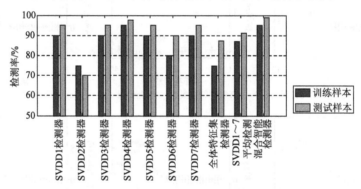

图 5-4　单一 SVDD 检测器和组合 SVDD 检测器的检测性能比较

5.5　基于模糊支持向量数据描述的被动检测模型

5.5.1　模糊支持向量数据描述原理

为了描述水声信号数据样本的重要程度或所属类别的不确定性，即模糊性，为数据样本 x_i 引入模糊隶属度系数 s_i，$0 \leqslant s_i \leqslant 1$。$s_i$ 越大，说明 x_i 越重要，在检测中所占的权重就越大；s_i 也可以反映样本 x_i 属于水声目标样本的隶属程度，s_i 越大，说明 x_i 属于水声目标样本的程度越大。利用模糊隶属度系数 s_i 可以将标准的 SVDD 扩展为 FSVDD。

下面研究 FSVDD 的基本原理和算法。给定含有模糊隶属度系数的数据集 S，可以表示为 $S = \{(\pmb{x}_1, s_1), (\pmb{x}_2, s_2), \cdots, (\pmb{x}_n, s_n)\}$。定义一个模糊非线性映射 $\overline{\pmb{\Phi}} : (X, s) \to F$，即 $(\pmb{x}, s) \to \overline{\pmb{\Phi}}(\pmb{x}, s) = (s+1)\pmb{\Phi}(\pmb{x})$，此映射可以调整非线性映射中特征向量的权重。

通过非线性映射 $\overline{\pmb{\Phi}}$ 可在高维特征空间中得到与 $\{(\pmb{x}_1, s_1), (\pmb{x}_2, s_2), \cdots, (\pmb{x}_n, s_n)\}$ 相对应的数据集 $\{(s_1+1)\pmb{\Phi}(\pmb{x}_1), (s_2+1)\pmb{\Phi}(\pmb{x}_2), \cdots, (s_n+1)\pmb{\Phi}(\pmb{x}_n)\}$。

因此，高维特征空间中的内积运算可表示为

$$\overline{\pmb{\Phi}}(\pmb{x}_i, s_i) \cdot \overline{\pmb{\Phi}}(\pmb{x}_j, s_j) = (s_i+1)\pmb{\Phi}(\pmb{x}_i) \cdot (s_j+1)\pmb{\Phi}(\pmb{x}_j) = (s_i+1)(s_j+1)K(\pmb{x}_i, \pmb{x}_j) \quad (5\text{-}22)$$

FSVDD 的目标是要寻找到一个最小体积的超球体，使所有的权重特征向量 $(s_i+1)\pmb{\Phi}(\pmb{x}_i)$ 都包含在该球体内。这样的超球体满足的关系可在式（5-9）的基础上得到：

$$\min \varepsilon(R, \pmb{a}, \xi) = R^2 + C\sum_{i=1}^{n}\xi_i, \quad i = 1, \cdots, n \quad (5\text{-}23)$$

约束条件：

$$\left\| \overline{\pmb{\Phi}}(\pmb{x}_i, s_i) - \pmb{a} \right\|^2 \leqslant R^2 + \xi_i, \quad \xi_i \geqslant 0 \quad (5\text{-}24)$$

式（5-23）和式（5-24）的求解与式（5-9）和式（5-10）类似，可以转换为 Lagrange 多项式的对偶式来表示

$$L(R, \pmb{a}, \xi, \pmb{\alpha}, \pmb{\gamma}) = \sum_{i=1}^{n}\alpha_i(s_i+1)^2 K(\pmb{x}_i, \pmb{x}_i) - \sum_{i=1, j=1}^{n}\alpha_i\alpha_j(s_i+1)(s_j+1)K(\pmb{x}_i, \pmb{x}_j) \quad (5\text{-}25)$$

式中，$0 \leqslant \alpha_i \leqslant C$；$\sum_{i=1}^{n}\alpha_i = 1$；且 $\pmb{a} = \sum_{i=1}^{n}\alpha_i\overline{\pmb{\Phi}}(\pmb{x}_i, s_i) = \sum_{i=1}^{n}\alpha_i(s_i+1)\pmb{\Phi}(\pmb{x}_i)$。可以看出，此超球体的中心 $\pmb{a}$ 是满足条件 $0 < \alpha_i \leqslant C$ 的所有支持向量的线性加权和。

同理由式（5-19）可得，在 FSVDD 中任一个新样本点 (z, s) 通过模糊非线性映射到超球体的中心 $\pmb{a}$ 的距离可表示为

$$\begin{aligned} f(z) = \left\| \overline{\pmb{\Phi}}(z, s) - \pmb{a} \right\|^2 &= (s+1)^2 K(z, z) \\ &- 2(s+1)\sum_{i=1}^{n}\alpha_i(s_i+1)K(z, \pmb{x}_i) + \sum_{i=1, j=1}^{n}\alpha_i\alpha_j(s_i+1)(s_j+1)K(\pmb{x}_i, \pmb{x}_j) \end{aligned} \quad (5\text{-}26)$$

对比式（5-26）和式（5-19）可以看出，当 $s_i = 0$ 时，两式的表达式相同，即 SVDD 是 FSVDD 的一种特殊形式。

5.5.2 被动检测模型构建

由于海洋环境非常复杂，相对于远程的检测系统，水声目标辐射噪声的传播是一个非线性渐变过程，噪声强度起伏变化。样本对检测的重要性也随着目标的靠近逐步增强，呈现出一种非线性关系。故度量样本重要程度的模糊隶属度系数 s_i 也应该和目标的出现及其运动趋势相对应。在水声目标检测中，常常利用水声信

号时域或频域的累积能量作为检测统计量。通常，水声信号样本 $\boldsymbol{x}_i$ 的累积能量 $E(\boldsymbol{x}_i)$ 越大，则目标越有可能出现，根据经验可选用升岭形分布和升半梯形分布等上升形函数作为隶属函数。此处采用升岭形分布作为样本信号 $\boldsymbol{x}_i$ 对应的模糊隶属度系数 s_i 的隶属函数，即

$$s_i\big(E(\boldsymbol{x}_i)\big)=\begin{cases}0, & 0\leqslant E(\boldsymbol{x}_i)<a_1\\ \dfrac{1}{2}+\dfrac{1}{2}\sin\pi\{[E(\boldsymbol{x}_i)-0.5(a_1+a_2)]/(a_2-a_1)\}, & E(\boldsymbol{x}_i)\in[a_1,a_2]\\ 1, & E(\boldsymbol{x}_i)>a_2\end{cases} \quad (5\text{-}27)$$

式中，a_1 为海洋环境背景噪声的最大累积能量；a_2 为水声信号累积能量的报警上限。

按照式（5-26）求出检测样本 (z,s) 到超球体中心 $\boldsymbol{a}$ 的距离 $R_z=\sqrt{f(z)}$ 后，引入参数 $\varepsilon_z=(R_z-R)/R$ 作为目标检测器的检测系数，表示对样本 (z,s) 的检测结果。当 $\varepsilon_z\leqslant0$ 时，表示样本为背景噪声，无目标存在；反之，表示样本为水声目标的辐射噪声，即检测到目标。

根据以上讨论，可建立一个如图 5-5 所示的水声目标智能检测模型。在该模

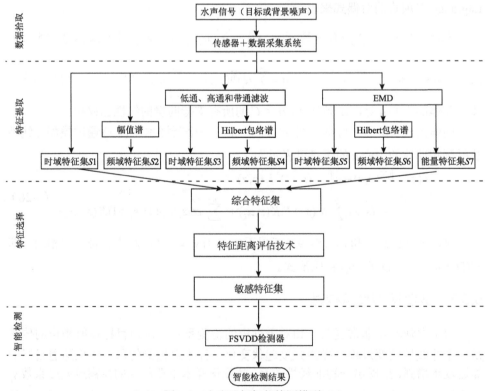

图 5-5　水声目标智能检测模型

型中，对于传感器和数据采集系统接收的原始水声信号，首先利用幅值谱分析、滤波、Hilbert 包络谱和 EMD 等方法提取原始水声信号的 7 个时域和频域统计特征集，共 320 个特征构成综合特征集；然后，通过特征距离评估技术从综合特征集中选取敏感特征集；最后，将敏感特征集中的敏感特征输入到 FSVDD 检测器中，实现水声目标的智能检测[10,17,18]。

5.5.3　应用研究

为了验证基于 FSVDD 的智能检测模型在水声目标检测中的有效性与可行性，以式（2-12）表示的水下航行器目标的辐射噪声数据为基础进行目标检测研究。

由式（2-13）随机选取 100 个海洋环境背景噪声数据，其中 50 个作为训练样本集。按照式（2-12），采集目标辐射噪声在信噪比 SNR 为 6dB、3dB、0dB、–3dB 和 –6dB 时的样本各 10 个，与剩下的 50 个背景噪声样本组成测试样本集，共 100 个样本（前 50 个背景噪声数据样本编号为 1～50，后 50 个为目标辐射噪声数据样本，编号为 51～100）。

根据图 5-5 中的智能检测模型，对训练样本和测试样本中的背景噪声和目标辐射噪声数据进行特征提取，并对所提取的 320 个特征进行距离评估，距离评估指标值如图 5-6 所示。例如，通过设定阈值 $\rho = 0.3$，可以选择 $J_A \geqslant 0.3$ 的指标所对应的 20 个特征构成敏感特征集。

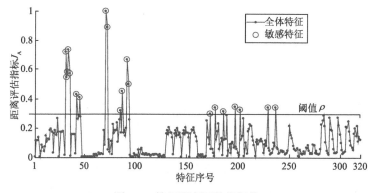

图 5-6　特征距离评估指标值

图 5-7 为 $\rho = 0.6$ 时，基于 SVDD 的目标检测模型和本书提出的基于 FSVDD 的目标检测模型的检测结果图，其中横坐标表示数据样本编号，纵坐标表示检测系数 ε_z。

从图 5-7 中可以看出，对于编号为 1～50 的 50 个背景噪声数据样本，根据图 5-5 中的检测模型，每个样本都应该有其对应的检测系数 $\varepsilon_z \leqslant 0$。然而基于 SVDD 的检测模型输出中有 13 个检测系数 $\varepsilon_z > 0$，即存在 13 个误检样本，尽管基于 FSVDD

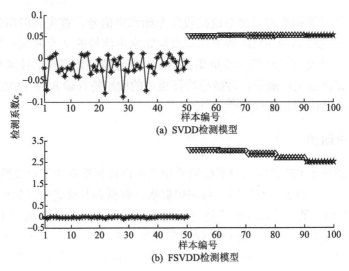

图 5-7 　$\rho = 0.6$ 时两种检测模型的目标检测结果

的检测模型也有 5 个误检样本,但其检测性能比基于 SVDD 的检测模型的性能好,这也说明基于 FSVDD 的检测模型的鲁棒性优于基于 SVDD 的检测模型。

对于编号为 51～100 的 50 个目标辐射噪声数据样本,基于 SVDD 的检测模型的检测系数 ε_z 均在 0.051 左右,且不同信噪比下的检测系数有交叠,这表示检测到目标,但目标的强度等级不能明确地区分开来。而研究中提出的基于 FSVDD 的检测模型的检测系数 ε_z,随着目标信号信噪比的改变(从 6dB 减小到 −6dB)也由大到小变化,这说明基于 FSVDD 的检测模型除了能够将水声目标检测出来外,还可以将目标的强度变化情况清晰地显示出来。

分析两种检测模型误检的原因,发现当 $\rho = 0.6$ 时,敏感特征集中仅包含 5 个敏感特征,特征数目太少,从而导致在训练过程中,SVDD 检测模型和 FSVDD 检测模型都发生了过学习现象。与 SVDD 检测模型相比,FSVDD 检测模型在一定程度上能克服过学习带来的影响。

综合检测精度和检测效率,通过多次实验发现,当 $\rho = 0.3$ 时,选择的 20 个敏感特征能很好地对 SVDD 检测模型和 FSVDD 检测模型进行训练,从而建立目标检测模型。用 FSVDD 检测模型检测 100 个样本,运行时间只要 0.140s,检测效率很高。两种检测模型的目标检测结果如图 5-8 所示,两种检测模型都能够很好地将前 50 个背景噪声样本检测出来,尽管基于 SVDD 的检测模型可以将目标检测出来,但它不具有与基于 FSVDD 的检测模型一样的分等级检测能力。

图 5-8 对应的两种检测模型在不同信噪比下的检测系数的均值分布情况如表 5-1 所示,可以看出,随着信噪比 SNR 由大到小变化,基于 SVDD 的检测模型

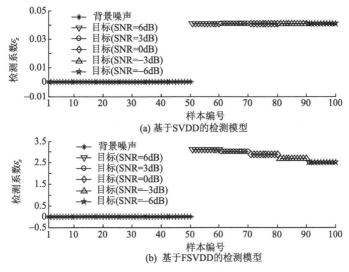

图 5-8 $\rho = 0.3$ 时两种检测模型的目标检测结果

的检测系数 ε_z 较小，均集中在 0.0408 附近。而基于 FSVDD 的检测模型的 ε_z 随着信噪比的趋势也由大到小变化，且在每个不同的信噪比下，ε_z 的取值区间都很小，这说明检测系数很集中，聚类性很好，检测性能稳定。对比两种检测模型的检测性能还可以发现，基于 FSVDD 的检测模型的 ε_z 远大于基于 SVDD 的检测模型的 ε_z，即基于 FSVDD 的检测模型可以将背景噪声与目标分离得更开。

表 5-1　不同的信噪比 SNR 下两种检测模型的检测系数 ε_z 的均值

SNR/dB	6	3	0	−3	−6
基于 SVDD 的检测模型	0.0408	0.0408	0.0408	0.0408	0.0408
基于 FSVDD 的检测模型	3.1020	3.0208	2.9005	2.7041	2.5128

表 5-1 中的结果可以为更进一步的参数估计提供经验知识，只要将测得的 ε_z 与表中的结果做一下对比，就可以知道目标辐射噪声的信噪比和目标强度等情况，也可以将这些经验值输入到专家系统的知识库中，发挥更大的优势。

5.6　小结

为了实现对远程微弱的水声目标进行准确快速的智能被动检测，本章综合分频段滤波、Hilbert 包络解调和改进的 EMD 等现代信号处理方法，基于距离评估技术的特征选择方法、基于 SVDD 的单值检测器和"投票策略"，提出了一种组合 SVDD 的水声目标智能被动检测新方法，并构建了相应的目标智能检测模型；同时，为了对水声目标辐射噪声的起伏、信噪比从小到大的渐变过程做出准确的检测，提出一种新的基于 FSVDD 的水声目标智能被动检测模型，它继承了 SVDD 单值检测的优点，同时融入了模糊数学的思想，根据测量样本的重要程度，用模糊隶属度对常规 SVDD 方法中的核函数进行刻画，从而实现对目标样本进行分等级检测。以实测的某水下航行器辐射噪声数据为基础，对本章提出的两种新型智能被动检测模型进行了目标检测的仿真研究，得到以下结论。

（1）幅值谱分析、滤波、Hilbert 包络解调和 EMD 等方法的综合使用，能够从时域、频域等不同角度提取原始水声信号的特征，构成全面反映水声目标特性的综合特征集。

（2）利用距离评估技术可以去除综合特征集中的相关或冗余信息，提取出敏感特征集，从而提高检测模型的检测精度和计算效率。

（3）与神经网络等智能检测方法不同的是，基于 SVDD 的检测器只需要单一的海洋环境背景噪声数据作为训练样本，就可以进行目标检测，而且它是一种小样本模式识别方法。

（4）组合 SVDD 的智能检测模型集成了各个单一 SVDD 检测模型的优点，包含有更为全面的特征信息，能够有效地提高单一 SVDD 检测模型的检测性能，具有很好的泛化能力。

（5）经过推导得出常规 SVDD 是 FSVDD 的一种特殊形式，FSVDD 是常规 SVDD 的推广。与常规的基于 SVDD 的检测模型相比，本章提出的基于 FSVDD 的检测模型不仅可以将目标与背景噪声明显地区分出来，而且随着目标辐射噪声信号信噪比的变化，能够快速地用检测系数 ε_z 将目标强度的发展趋势清晰显示出来，检测鲁棒性和区分性更强。

（6）智能被动目标检测结果，如检测系数 ε_z 的分布情况，能够为更进一步的参数估计提供丰富的经验知识，也可以将检测结果作为知识库输入到专家系统中，发挥出智能检测模型更大的优势。

从上面结论中可以看出，本章提出的两种智能被动检测模型对于水声目标的检测效果明显，是一种应用前景很好的新方法。

参 考 文 献

[1] 李薇. 支持向量机与舰船辐射噪声的分类[J]. 舰船科学技术, 2017, 39(12): 19-21.

[2] 李新欣. 船舶及鲸类声信号特征提取和分类识别研究[D]. 哈尔滨: 哈尔滨工程大学, 2012.

[3] 徐建宁. 基于 HHT 和 ELM 的水下目标识别技术研究[D]. 哈尔滨: 哈尔滨工程大学, 2014.

[4] Tucker S, Brown G J. Classification of transient sonar sounds using perceptually motivated features [J]. IEEE Journal of Ocean Engineering, 2005, 30(3): 588-600.

[5] Hu Q, He Z J, Zhang Z S, et al. Fault diagnosis of rotating machinery based on improved wavelet package transform and SVMs ensemble[J]. Mechanical Systems and Signal Processing, 2007, 21(2): 688-705.

[6] Huang N E, Shen Z, Long S R, et al. The empirical mode decomposition and the Hilbert spectrum for nonlinear and non-stationary time series analysis[J]. Proceedings of the Royal Society A, 1998, 454(1): 903-995.

[7] 杨宏. 经验模态分解及其在水声信号处理中的应用[D]. 西安: 西北工业大学, 2015.

[8] 胡桥. 混合智能诊断技术及应用研究[D]. 西安: 西安交通大学, 2006.

[9] Tax D M J, Duin R P W. Support vector domain description [J]. Pattern Recognition Letters, 1999, 20(11-13): 1191-1199.

[10] Hu Q, Hao B, Lv L, et al. Hybrid intelligent detection for underwater acoustic target using emd, feature distance evaluation technique and FSVDD[C]. 2008 International Congress on Image and Signal Processing, IEEE, Sanya, China, 2008: 54-58.

[11] Yang B S, Han T, An J L. ART-KOHONEN neural network for fault diagnosis of rotating machinery [J]. Mechanical Systems and Signal Processing, 2004, 18(2): 645-657.

[12] Tax D M J, Duin R P W. Support vector data description [J]. Machine Learning, 2004, 54: 45-66.

[13] 胡桥, 何正嘉, 张周锁, 等. 基于提升小波包变换和集成支持矢量机的早期故障智能诊断研究[J]. 机械工程学报, 2005, 41(12): 145-150.

[14] 李佘兴, 李亚安, 陈晓, 等. 基于 VMD 和 SVM 的舰船辐射噪声特征提取及分类识别[J]. 国防科技大学学报, 2019, 41(1): 89-94.

[15] 任超. 基于支持向量机的水下目标识别技术[D]. 西安: 西北工业大学, 2016.

[16] 李永强, 赵琪, 李铁, 等. 基于多物理场的舰船目标识别方法[J]. 探测与控制学报, 2018, 40(1): 11-16.

[17] 胡桥, 郝保安, 易红, 等. 水中高速小目标被动检测模型及其应用[J]. 鱼雷技术, 2012, 20(4): 261-266.

[18] 胡桥, 郝保安, 吕林夏, 等. 一种新的水声目标智能检测模型[J]. 系统仿真学报, 2009, 21(8): 2369-2372.

6

水中目标混合智能识别研究

6.1 引言

  与水中目标的智能检测一样，水中目标智能识别也是水声信号处理界公认的难题，属于复杂的模式识别问题。这一问题的解决不仅在海洋进入、海洋探测与海洋开发中有着重要的意义，而且也是国防领域中武器智能化程度高度发展的体现。只有准确地发现目标、识别目标乃至精确地命中目标才能实施有效的杀伤，这个趋势在一些运用了大量高科技武器的现代战争中已经得到越来越多的体现。水中目标识别在海洋开发活动中的作用也很重要。我国是一个海洋大国，拥有广袤的海洋资源，近年来对海洋的探索已不仅限于军事目的。另外，智能目标识别技术也可用于雷达目标识别、图像处理、地质勘探、故障诊断等许多领域，对国民经济的发展和国防建设都有着不可低估的作用。

  水中目标智能识别是水中设备和水下武器系统智能化的关键技术之一。国外一些具有代表性的新型水下装备和我国近年研制的水下装备虽然已经具有了一定的智能识别能力，但是随着海洋资源开发和水中目标复杂性的提高，水中目标识别技术还有待进一步发展与提高。现代信号处理理论以及各种新型模式识别方法的提出与应用，使得水中目标识别的新方法、新技术也一直不断地涌现。

  与水中目标智能检测系统类似，一个基本的智能识别系统也由四部分组成：数据获取、特征提取、特征选择和分类决策。前三部分在第5章的智能目标检测中已经讨论过了，本章将重点研究水中目标智能识别系统中的分类决策问题。

  分类决策的本质就是模式识别问题，分类器的设计实质上就是分类算法的设计。水中目标智能识别系统中，分类器的作用是根据输入特征向量来给一个被测对象赋一个类别标记，更一般的任务是确定每一个可能类别的概率。分类的难易程度取决于两个因素：一是来自同一个类别的不同个体之间特征值的波动；二是属于不同类别样本的特征值之间的差异。来自同类对象的个体特征值的波动可能是来自问题的复杂度，也可能来自噪声。这里的噪声是一个非常广义的概念。针对水中目标分类器的设计，传统的分类器算法是事先从训练样本中获得参数估计，然后计算待识别样本与各类模式样本的匹配程度[1,2]。由于水中目标种类及型号繁杂，且工况多变，难以得到完备的样本集，这使得水中目标识别在实际应用中难以达到预期的性能。神经网络是由大量非线性处理单元广泛互连而成的网络，具有大规模并行处理、分布式信息存储、非线性动力学和网络全局作用等特性。神经网络分类器的样本参数隐含于网络的连接权中。它无需事先知道，在反复训练中通过网络输出误差的反馈、自动调整以达到期望目标。因此，神经网络的在线学习、自适应功能，使得神经网络分类器有可能在未来海战中可以实现对目标的现场学习和分类[3,4]。但是，由于神经网络在实际训练过程中的样本数目无法趋于无穷，加之在设计网络过程中还存在网络结构选择、过学习与欠学习等问题，使得神经网络在实际应用中比较复杂。

支持向量机（SVMs）是一种有效的模式识别方法。与其他传统的统计模式识别方法不同的是，SVMs 是建立在统计学习理论这一被认为是针对小样本统计估计和预测学习的最佳理论基础之上。因此，与其他模式识别方法相比，基于结构风险最小化的 SVMs 有着更为扎实的理论基础，而且在实际的模式识别问题中也表现出非常好的模式识别效果。SVMs 已经被广泛地应用于文本识别、人脸识别、网络入侵检测和识别等重要的模式识别领域中[5,6]。

由于涉及国防和军事机密，在水声目标识别中，各类水声目标的辐射噪声数据样本的获取一般比较困难，故很稀少。对于这种小样本情况，SVMs 具有独到的优越性。许多文献指出：在目标识别领域，SVMs 方法比神经网络等传统的方法具有更好的分类性能。如果能将 SVMs 这种先进的模式识别方法成功地应用于水中目标识别领域，对于水中目标识别技术的发展无疑具有非常重要的意义。然而在实际应用中，由于时空的高度复杂性，常规 SVMs 算法的执行常常是一种近似计算，而且极易发生过学习或欠学习现象，所得的分类结果远非期望水平。为了克服这些困难，提高常规 SVMs 的分类性能，本章提出应用遗传算法将多个SVMs 进行组合，建立组合 SVMs 目标智能识别模型。同时，提出利用集成学习理论中的 AdaBoost 算法和 Bagging 算法分别将多个 SVMs 进行集成，建立一种基于 AdaBoost 算法的集成 SVMs 的水中目标混合智能识别模型和一种基于 Bagging算法的可选择集成 SVMs 的水中目标混合智能识别模型。结合实测的水中目标辐射噪声数据对这三种混合智能识别模型的有效性进行研究。同时，基于现有的深度学习理论，研究结合二维时频谱图和卷积神经网络构建深度学习模型，验证深度学习方法在舰船噪声分类中的可行性。

6.2 集成支持向量机原理

SVMs 的基本思想可以概括如下：首先借助于适当的核函数，将输入空间（通常是非线性可分）变换到一个高维的特征空间（线性可分），然后在这个新空间求最优线性分类面。这样求得的分类函数在形式上类似于一个神经网络，其输出是若干个中间层结点的线性组合，而每一个中间层结点对应于输入样本与一个支持向量的内积，因此 SVMs 也被称作支持向量网络，如图 6-1 所示。SVMs 的具体算法可参考文献[7]～[11]。

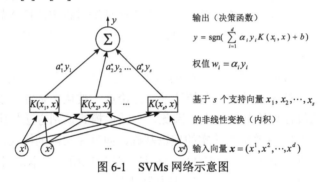

输出（决策函数）

$$y = \text{sgn}(\sum_{i=1}^{d} \alpha_i y_i K(x_i, x) + b)$$

权值 $w_i = \alpha_i y_i$

基于 s 个支持向量 $x_1, x_2, \cdots, x_s$

的非线性变换（内积）

输入向量 $\boldsymbol{x} = (x^1, x^2, \cdots, x^d)$

图 6-1　SVMs 网络示意图

6.2.1 基于常规组合的集成支持向量机

SVMs 是在统计学习理论的基础上发展起来的一种新型的学习机器。SVMs 算法最初是为解决二分类问题而提出的。而要对种类繁多的水声目标进行识别，只有二分类显然是不够的。在水声目标识别中，不仅要识别出目标的有无，同时还要辨别目标的种类，这就是多分类问题。

对于多分类（k 分类，$k>2$）问题，设有 k 类训练数据，这 k 类数据两两组合，共可构建 $M = C_k^2 = k(k-1)/2$ 个训练集，分别使用 SVMs 二分类算法对这 M 个训练集进行学习，产生 M 个分类器。当决定样本 $\boldsymbol{x} \in R^d$ 的类别时，可采用投票决策法，其主要思想为用所有的 $k(k-1)/2$ 个分类器对 $\boldsymbol{x}$ 进行分类，在第 i 类和第 j 类之间分类时，若该分类器判断 $\boldsymbol{x}$ 属于 i 类，则 i 类的票数加 1，否则 j 类的票数加 1。最后将 $\boldsymbol{x}$ 归为票数最多的那一类。决策函数为

$$f_{ij}(\boldsymbol{x}) = (\boldsymbol{w}^{ij})^{\text{T}} K(\boldsymbol{x}_n) + b^{ij} \tag{6-1}$$

式中，$\boldsymbol{w}^{ij}$ 为分类超平面的法向量；$K(\boldsymbol{x}_n)$ 为某种事先选择的核函数，实现 $\boldsymbol{x}$ 在第 i 类和第 j 类之间进行分类的非线性映射；b^{ij} 为超平面的位置。

当决策函数 $f_{ij}(\boldsymbol{x}) = (\boldsymbol{w}^{ij})^{\text{T}} K(\boldsymbol{x}_n) + b^{ij} > 0$ 时，认为 $\boldsymbol{x}$ 属于 i 类，则投 i 类一票，

否则投 j 类一票。依次类推，经过所有 $k(k-1)/2$ 个决策函数判别后，将 x 归为得票数最多的那一类。

从信息论的角度来看，单一 SVMs 分类器是从不同的侧面来反映目标信息，为了尽可能多地利用全部有用信息，可以将多个单一 SVMs 分类器加以组合，构成组合支持向量机（combine support vector machines，CSVMs）分类器。相比于单一分类器，组合分类器能获得更好的分类效果，并且单一分类器间的差异越大，组合后的分类性能越好。经过各个不同的时域或频域特征集训练后的每个单一分类器必然存在差异，这样由单一 SVMs 分类器构成的 CSVMs 分类器的分类性能也会优于单一 SVMs 分类器。

根据 5.2.1 小节中的特征提取方法和 5.2.2 小节中的特征选择方法，将获得的 7 个不同的归一化敏感特征集 $\bar{S}_{sen}(i)$ 训练成为 7 个单一 SVMs 分类器后，对于第 n 个训练样本，分别得到 7 个决策函数的分类结果 $\hat{y}_i(n)$（$i=1,2,\cdots,7$）。根据加权融合技术，CSVMs 分类器的分类结果为

$$\hat{y}(n) = \sum_{i=1}^{7} w_i \hat{y}_i(n), \quad n=1,2,\cdots N, \; i=1,2,\cdots 7 \quad （6\text{-}2）$$

约束条件为

$$\begin{cases} \sum_{i=1}^{7} w_i = 1 \\ w_i \geqslant 0 \end{cases}$$

式中，对于第 n 个样本，$\hat{y}(n)$ 和 $\hat{y}_i(n)$ 分别为 CSVMs 分类器和第 i 个单一 SVMs 分类器的分类结果；w_i 为第 i 个单一 SVMs 分类器的权重系数；N 为样本总数。

利用基于实数编码方式的遗传算法求解式（6-2）中的权重系数 w_i，此处选取适应度函数 $F = 1/(1+f)$，f 为训练样本的均方根误差，表达式为

$$f = \left[\frac{1}{N'} \sum_{n=1}^{N'} [y(n) - \hat{y}(n)]^2 \right]^{0.5} \quad （6\text{-}3）$$

式中，$y(n)$ 为第 n 个训练样本的真实分类值；N' 为训练样本总数。

6.2.2 基于 AdaBoost 算法的集成支持向量机

1. AdaBoost 算法原理

机器学习研究的内容是如何使机器从过去已有的现象中学习做出准确预测的自动技术。虽然直接建立高度准确的预测规则很困难，但提出一些中等准确程度的经验规则却相对简单[12]。Boosting 算法的基本思想就是基于这样一个事实：发现大量而粗略的经验规则要比找到一条高度准确的预测规则容易得多。为了使用 Boosting 算法，首先需要一个弱学习算法（weak learning algorithm）来找到大量的

经验规则。Boosting 算法循环调用弱学习算法，每轮循环向弱学习算法输入训练集不同的子集——带有不同权重分布的训练集。每次被调用，弱学习算法都产生一条新的较弱的预测规则（经验规则）。经过多轮循环后，Boosting 算法将多轮循环产生的弱规则合并成一条预测规则，最终的规则将会比任意一条弱规则都准确。

在众多 Boosting 算法中，Freund 等[13]提出的 AdaBoost 算法最具有实用价值，也是研究的热点。相关理论和实验证明，AdaBoost 算法有如下优点[14]：

（1）充分利用弱学习算法产生预测规则的准确性，理论上可以达到任意精度。

（2）容易处理弱学习算法提供的实数值形式的分类预测。

（3）克服了早期 Boosting 算法的许多实际应用的困难。

AdaBoost 算法的基本思想是给定一个弱学习算法 f 和训练集 $\{(x_1,y_1),(x_2,y_2),\cdots,(x_N,y_N)\}$。初始化时对每一个训练样本赋予相等的权重 $1/N$，然后用该学习算法 f 对训练集训练 T 轮，每次训练后，对训练失败的训练样本赋予较大的权重，也就是让学习算法在后续的学习中集中对比较困难的训练样本进行学习，从而得到一个预测函数序列 $f_i(i=1,2,\cdots,N)$，其中 f_i 也有一定的权重，预测效果好的预测函数权重较大，反之较小。最终的预测函数对分类问题采用有权重的投票方式。

2. 集成支持向量机的结构

为了克服单一 SVMs 在实际应用中的困难，可以将由 $k(k-1)/2$ 个二分类 SVMs 组成的多分类 SVMs 作为基本分类器，借助 AdaBoost 算法将 T 个多分类 SVMs 进行集成，提高分类准确率。集成 SVMs 的结构图如图 6-2 所示。

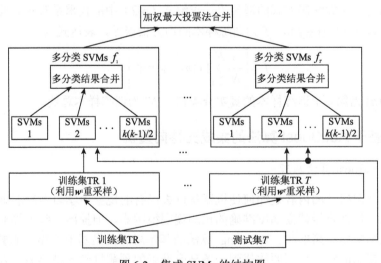

图 6-2　集成 SVMs 的结构图

3. 集成支持向量机的算法

集成 SVMs 算法如表 6-1 所示。在集成 SVMs 算法中，每一个训练样本都被赋予一个权重，表明它被某个 SVMs 选入的训练集的概率。如果某个样本被当前的 SVMs 正确分类，则在构造下一个训练集时，它被选中的概率就被降低；相反，如果某个样本没有被正确分类，则它的权重就相应的提高。通过这种方式，该算法能够重点考察分类比较困难的样本。在具体实现上，最初令每个训练样本的权重都相等，对于第 t 次迭代操作，就根据这些样本权重来选择新的训练集，进而训练 SVMs 分类器 f_t，然后用 f_t 对整个样本进行测试，来提高被错分的样本的权重，同时降低可以被正确分类样本的权重。然后，权重更新的样本集用来训练下一个 SVMs 分类器 f_{t+1}，整个过程如此循环下去，直到循环到达指定的循环次数 T 为止。

表 6-1　集成 SVMs 算法

算法步骤
输入：N 个训练样本 $\{(\boldsymbol{x}_1, y_1),(\boldsymbol{x}_2, y_2),\cdots,(\boldsymbol{x}_N, y_N)\}$，　$y_i \in Y = \{1, 2, \cdots, k\}$
基本分类器 SVMs
迭代次数 T
初始化：权重 $\boldsymbol{w} = \{w_i = 1/N, i = 1, 2, \cdots, N\}$
迭代次数 $t = 0$
误差 $\varepsilon_0 = 0$
计算：循环
Do while　$t \leqslant T$　且　$\varepsilon_t < 0.5$
1. 正规化 $\boldsymbol{w}^t$，使得 $\displaystyle\sum_{i=1}^{N} w_i^t = 1$
2. 根据权重 $\boldsymbol{w}^t$，产生的训练集来训练第 t 个 SVMs 分类器 f_t
3. 误差 $\varepsilon_t = \displaystyle\sum_{i=1}^{N} w_i^t e_i^t$；其中，$f_t(\boldsymbol{x}_i) \neq y_i$（分类错误）时 $e_i^t = 1$，否则 $e_i^t = 0$
4. 设置 $\alpha^t = 0.5\lg[(1 - \varepsilon_t)/\varepsilon_t]$
5. 更新权重 $w_i^{t+1} = w_i^t \cdot \begin{cases} \exp(-\alpha^t), & \text{当} f_t(\boldsymbol{x}_i) = y_i \text{时} \\ \exp(\alpha^t), & \text{当} f_t(\boldsymbol{x}_i) \neq y_i \text{时} \end{cases}$
6. $t = t + 1$
输出：总体分类器的判别函数 $f(\boldsymbol{x}_i) = \arg\ \max \displaystyle\sum_{j=1}^{t} \alpha^j \left| f_t(\boldsymbol{x}_i) = y_i \right|$；
其中，x 为真时 $|x| = 1$，否则 $|x| = 0$

表 6-1 中需要指出的是，在第 t 轮训练中，训练样本集被重采样而产生一个与

权重 w' 分布相对应的新的样本集。在重采样过程中，权重越大的样本，被选中的概率越高，甚至一个样本多次被选中；相反，权重越小的样本，被选中的概率越低，甚至不被选中。

6.2.3 基于 Bagging 算法的可选择集成支持向量机

1. Bagging 算法原理

Bagging[15]算法的基础是自助采样（bootstrap sampling, BS）[16]。在该方法中，各个子网络（SVMs）的训练集由原始训练集中随机选取若干个样本组成，训练集的规模通常与原始训练集相当，训练样本允许被重复选取。这样，原始训练集中某些样本可能在新的训练集中出现多次，而另外一些样本则可能一次也不出现。Bagging 算法通过重新选取训练样本集增加了网络集成的差异度，从而提高了泛化能力。

在集成学习理论中，Bagging 算法与 AdaBoost 算法的主要区别在于 Bagging 算法的训练集的选择是随机的，各轮训练集之间相互独立，而 AdaBoost 算法的训练集的选择不是独立的，各轮训练集的选择与前面各轮的学习结果有关；Bagging 算法的各个预测函数没有权重，而 AdaBoost 算法的各个预测函数是有权重的；Bagging 算法的各个预测函数的各个预测函数是并行生成的，而 AdaBoost 算法的各个预测函数是按顺序生成的。值得注意的是，Bagging 算法和 AdaBoost 算法的轮数（集成个体网络的数目）并非越多越好，实验表明[17,18]，学习系统性能的改善主要发生在最初的若干轮中，故可以利用遗传算法对网络群体进行选择以获得集成中的最优个体集合。

假定网络集成 F 由 T 个子网络 $f_1, f_2, \cdots, f_T$ 构成，$O_{i,k}$ 为第 i 个子网络的第 k 个输出分量，采用加权平均法合成输出结果，则集成网络的输出为

$$O_k = \sum_{i=1}^{T} w_i O_{i,k} \tag{6-4}$$

式中，w_i 为各组成子网络的权值，并满足 $0 \leqslant w_i \leqslant 1$ 且 $\sum_{i=1}^{T} w_i = 1$；O_k 为集成网络的第 k 个输出分量。为了便于分析，本节讨论只有一个输出分量的情况。但本节的结论可以很容易地推广到各网络有多个输出分量的情况。

假设输入 $x \in \mathbf{R}^m$ 满足分布 $p(x)$，在输入 x 下，目标输出为 $T(x)$，子网络 $f_i(i=1, 2, \cdots, T)$ 的输出为 $O_i(x)$，则集成网络在输入 x 的输出为

$$O(x) = \sum_{i=1}^{T} w_i O_i(x) \tag{6-5}$$

集成网络输出 $O(x)$ 的预测误差表示为

$$E = \int p(x)(O(x) - T(x))^2 dx \qquad (6\text{-}6)$$

子网络 $f_i(i=1,2,\cdots,T)$ 的预测误差为

$$E_i = \int p(x)(O_i(x) - T(x))^2 dx \qquad (6\text{-}7)$$

这些误差的加权平均值为

$$\overline{E} = \sum_{i=1}^{T} w_i E_i \qquad (6\text{-}8)$$

定义子网络 f_i 的差异度为 D_i

$$D_i = \int p(x)(O_i(x) - O(x))^2 dx \qquad (6\text{-}9)$$

则与此相应的集成网络的差异度为

$$D = \sum_{i=1}^{T} w_i D_i \qquad (6\text{-}10)$$

Krogh 等[19]通过分析得出集成网络预测的计算公式为

$$E = \overline{E} - D \qquad (6\text{-}11)$$

式（6-11）表明，由于各子网络的差异度 D_i 均非负，集成网络的预测误差 E 不大于各子网络预测误差的加权平均值 $\overline{E}$，即集成后在任何情况下均能保证其性能不差于各个子网络的平均性能。同时还可以看出，增大各组成子网络的差异性将有效地提高系统的总体预测精度。

定义个体子网络 f_i 和 f_j 的相关度 C_{ij} 为

$$C_{ij} = \int p(x)(O_i(x) - T(x))(O_j(x) - T(x)) dx \qquad (6\text{-}12)$$

Perron 等[20]指出，如果集成网络采用简单平均法合成，即 $w_i = w_j = 1/T$，则有

$$E = \sum_{i=1}^{T}\sum_{j=1}^{T} w_i w_j C_{ij} = 1/T^2 \sum_{i=1}^{T}\sum_{j=1}^{T} C_{ij} \qquad (6\text{-}13)$$

对比式（6-11）与式（6-13）可知，将集成网络的预测误差用各个子网络间的相关度表示，更清楚地揭示了集成网络与各个子网络性能之间的联系，表明减少集成网络预测误差的关键在于减少各个子网络个体之间的相关度。

虽然 Bagging 算法通过重新生成或选择训练集的子集进行训练，从而达到产生差异度较大的网络的目的，即通过训练集的选择实现网络个体的选择，但该方法的主要缺点在于构建集成网络的个体子网络一般比较多，利用集成网络进行预测的计算量相对较大。故可以采用另外一种思路，即对已经独立训练好的有限个子网络构成的集合进行处理，通过优化方法（如遗传算法等）选择小部分网络差

异度大的子集构成集成网络。在遗传算法中，采用实数编码，即将权值向量 w 的每一个分量 w_i 都表示为一个 64 位的二进制数，这也是流行的计算机系统对浮点数的内部表示形式。这样，每一个遗传个体占用了 $8N$ 字节。由式（6-13）可知，对于验证集合 V 的集成网络的预测误差为 $\hat{E}$，则 $\hat{E}$ 表征了遗传个体 w 的优劣程度，$\hat{E}$ 越小，w 越好。因此，可以选择以 $1/\hat{E}$ 作为遗传进化的适应度函数。值得注意的是，由于 w 在进化过程中可能不再满足 $\sum_{i=1}^{T} w_i = 1$，因此从进化的最优个体中获得 w 后，还需要进行归一化处理才能得到分量值大于预设阈值 λ 的最优权值向量。

2. 可选择集成支持向量机的结构

结合 Bagging 算法和改进遗传算法将 T 个多分类 SVMs 进行集成，从而形成可选择集成 SVMs 结构，如图 6-3 所示。

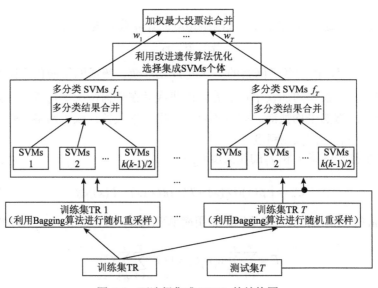

图 6-3 可选择集成 SVMs 的结构图

3. 可选择集成支持向量机算法

可选择集成 SVMs 算法如表 6-2 所示。在可选择集成 SVMs 算法中，首先利用 Bagging 算法从训练样本中随机生成 T 个训练样本子集，接着对这些子集同时利用"一对一"多分类 SVMs 进行训练，得到 T 个子分类器 f_t。然后利用适应度函数为 $1/\hat{E}$ 的改进遗传算法对 T 个子分类器 f_t 的集成结果进行优化，最后得到分量值大于预设阈值 λ 的权值向量 w，从而构成可选择集成 SVMs。

表 6-2 可选择集成 SVMs 算法

算法步骤

输入：N 个训练样本 $\{(\boldsymbol{x}_1, y_1), (\boldsymbol{x}_2, y_2), \cdots, (\boldsymbol{x}_N, y_N)\}$ 构成训练样本集 S，$y_i \in Y = \{1, 2, \cdots, k\}$
基于 SVMs 基本分类器 f
迭代次数 T
预设阈值 λ

计算过程：
步骤一：
 循环 $t = 1, 2, \cdots, T$
 从中利用 Bagging 算法随机重采样，得到训练样本子集 TR^t
 用子集 TR^t 对基本分类器 f 进行训练，得到分类器 f_t
 结束
步骤二：
 利用改进遗传算法，优化权值 w，其中 $w_i > \lambda$
 从而，从分类器 $\{f_t, t = 1, 2, \cdots, T\}$ 中选择合适的 SVMs 集成个体，构成集合 T^*

输出：总体分类器的判别函数 $f(\boldsymbol{x}_i) = \arg\ \max \sum_{j=1}^{T^*} |f_t(\boldsymbol{x}_i) = y_i|$；

 其中，x 为真时 $|x| = 1$，否则 $|x| = 0$

6.3 水中目标混合智能识别框架

水声目标识别的本质是模式识别问题，因此需要建立一个基于集成 SVMs 分类器的水声目标智能识别模型。根据以上讨论，可建立一个如图 6-4 所示的混合现代信号处理算法、特征选择技术和集成智能分类器的水中目标混合智能识别流程图。在该流程图中，对于数据采集系统拾取的舰船等水声目标的辐射噪声信号，首先利用幅值谱分析、滤波、Hilbert 包络解调和 EMD 等方法提取原始水声信号的 7 个时域和频域统计特征集；然后，通过特征距离评估技术从 7 个统计特征集中选取敏感特征集；最后，将 7 个敏感特征集中的敏感特征输入到设计的集成 SVMs 分类器中，从而实现对水声目标的智能识别。

6.4 基于常规组合的集成支持向量机的实验分析

6.4.1 舰船辐射噪声数据集

为了验证常规组合的 SVMs 分类器进行目标识别方法的可行性，用代表 5 种不同类型舰船的 5 类实测舰船辐射噪声数据进行实验。每类舰船都包含 50 个数据

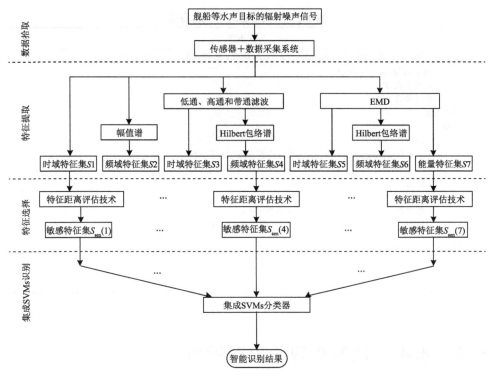

图 6-4　水中目标混合智能识别流程图

样本，其中 25 个用于训练，剩下的作为测试，则训练样本总数和测试样本总数均为 125（25×5）个。每组数据的采样频率为 24 kHz，采样时间长度为 1s。

　　根据图 6-4 中的水中目标混合智能识别流程，将常规组合的 SVMs 分类器作为集成 SVMs 即可。首先对训练样本和测试样本进行特征提取和特征选择。对每个训练样本和检测样本数据，经过特征提取后得到 7 个特征集。利用特征距离评估技术，7 个特征集 $S1 \sim S7$ 的特征距离评估如图 6-5 所示。综合考虑识别过程中的计算效率与精度，在每个特征集中选取 4 个敏感特征。

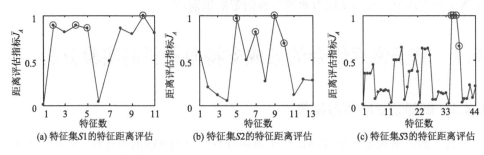

(a) 特征集$S1$的特征距离评估　　(b) 特征集$S2$的特征距离评估　　(c) 特征集$S3$的特征距离评估

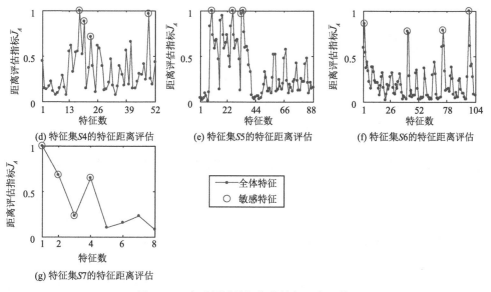

(d) 特征集$S4$的特征距离评估　　(e) 特征集$S5$的特征距离评估　　(f) 特征集$S6$的特征距离评估

(g) 特征集$S7$的特征距离评估

图 6-5　7 个时频域特征集的特征距离评估

为了验证利用特征距离评估技术进行特征选择的有效性，使用主分量分析（principal components analysis，PCA）聚类方法将每个敏感特征集中的特征投影到三维空间坐标中，进行特征的聚类性分析。PCA 是一种线性统计技术，它在尽可能地保留原有数据集信息量的基础上，通过生成新的主分量来减少数据维数。敏感特征集 $S_{sen}(1) \sim S_{sen}(7)$ 的 PCA 聚类结果如图 6-6（a）～（g）所示，可以看出，除了 $S_{sen}(3)$，其余每类舰船的敏感特征集都具有较好的聚集性，这说明每个敏感特征集中的敏感特征基本上是不相关的，或者各个特征集的冗余性不大。

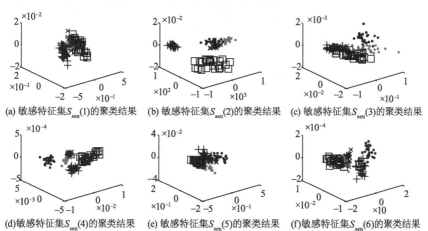

(a) 敏感特征集$S_{sen}(1)$的聚类结果　　(b) 敏感特征集$S_{sen}(2)$的聚类结果　　(c) 敏感特征集$S_{sen}(3)$的聚类结果

(d) 敏感特征集$S_{sen}(4)$的聚类结果　　(e) 敏感特征集$S_{sen}(5)$的聚类结果　　(f) 敏感特征集$S_{sen}(6)$的聚类结果

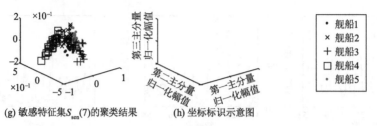

(g) 敏感特征集$S_{sen}(7)$的聚类结果　　(h) 坐标标识示意图

图 6-6　利用 PCA 的敏感特征集聚类结果

6.4.2　常规组合的集成支持向量集与传统分类器的分类性能比较

为了评价常规组合 SVMs 分类器的分类精度及其泛化能力，将单一 SVMs 分类器与组合 SVMs 分类器的分类性能进行了对比分析。图 6-7 与表 6-3 为单一 SVMs 分类器与组合 SVMs 分类器对上述 5 类舰船目标的敏感特征集的分类性能比较，可以看出，7 个单一 SVMs 分类器的训练精度和测试精度的范围分别为 72%～95.2%（平均训练精度为 84.5%）和 64%～91.2%（平均测试精度为 73.8%），而组合分类器的训练精度和测试精度分别为 96.8%和 96%。组合 SVMs 分类器的训练样本和测试样本的识别率都远高于 7 个单一 SVMs 分类器的平均水平，也优于任何一个单一 SVMs 分类器的分类性能。这说明组合 SVMs 分类器包含的信息量全面，具有更好的泛化性能。

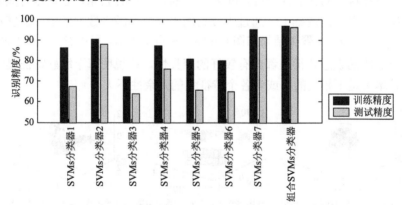

图 6-7　单一 SVMs 分类器与组合 SVMs 分类器的性能比较

表 6-3　不同特征的识别精度比较

分类器种类	全体特征条件下		敏感特征条件下	
	训练精度/%	测试精度/%	训练精度/%	测试精度/%
分类器 1	78.5	65.4	86.1	67.2
分类器 2	84.1	76.2	90.4	88.0
分类器 3	66.9	62.7	72.0	64.0

续表

分类器种类	全体特征条件下		敏感特征条件下	
	训练精度/%	测试精度/%	训练精度/%	测试精度/%
分类器 4	77.3	62.1	87.2	76.0
分类器 5	71.3	58.6	80.8	65.6
分类器 6	65.7	53.2	80.0	64.8
分类器 7	86.1	82.5	95.2	91.2
平均	75.7	65.8	84.5	73.8
组合 SVMs 分类器	92.3	89.7	96.8	96.0

6.4.3　特征选择对分类性能的影响

为了进一步验证基于特征距离评估技术的特征选择方法的有效性，做了另外一个实验。在图 6-4 的水中目标混合智能识别的模型中，去掉特征选择这个步骤，即直接将 7 个时域和频域的原始特征集分别输入到 7 个单一 SVMs 分类器中进行目标识别。图 6-8 为经过特征选择的敏感特征与没有经过特征选择的全体特征的分类性能比较。从图 6-8 与表 6-3 可以看出，没有经过特征选择的全体特征的训练精度和测试精度的范围分别为 65.7%～86.1%（平均训练精度为 75.7%）和 53.2%～82.5%（平均测试精度为 65.8%），它们的平均训练精度和平均测试精度分别下降了 8.8% 和 8.0%。同时，组合 SVMs 分类器的训练精度也从 96.8% 降低到 92.3%，测试精度从 96.0% 降低到 89.7%。这说明没有经过特征选择的全体特征集含有大量的相关或冗余信息，它们的特征值也发生了交叉或重叠，从而干扰了 SVMs 分类器的学习，导致 SVMs 分类器的分类精度下降。这从另外一个方面也说明了特征距离评估技术能有效地减弱相关或冗余信息的影响，从而提高分类器的分类精度。因此，特征距离评估技术是一种有效的特征选择方法。

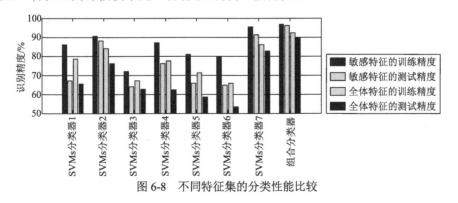

图 6-8　不同特征集的分类性能比较

6.5 基于 AdaBoost 算法和 Bagging 算法的集成支持向量机的实验分析

6.5.1 水中目标辐射噪声数据集

用 8 种不同水中目标对基于集成 SVMs 算法的智能目标识别模型进行验证，目标分别用 $T_1 \sim T_8$ 表示：

T_1 —水下航行器

T_2 —潜艇

T_3 —A 型商船

T_4 —B 型商船

T_5 —C 型商船

T_6 —A 舷水面舰

T_7 —B 舷水面舰

T_8 —C 舷水面舰

每种目标都包含 25 个数据样本，其中 15 个用于训练，剩下的 10 个作为测试，则训练样本总数和测试样本总数分别为 120 个（15×8）、80 个（10×8）。每组数据的采样频率为 8 kHz，采样时间长度为 512ms。噪声数据集描述和时域波形分别如表 6-4 和图 6-9 所示。

表 6-4   水中目标辐射噪声数据集描述

目标类型	训练样本个数	测试样本个数	目标标记
水下航行器	15	10	T_1
潜艇	15	10	T_2
A 型商船	15	10	T_3
B 型商船	15	10	T_4
C 型商船	15	10	T_5
A 舷水面舰	15	10	T_6
B 舷水面舰	15	10	T_7
C 舷水面舰	15	10	T_8

按照图 6-4 的水中目标混合智能识别流程，提取 8 种不同水中目标辐射噪声的特征：计算原始信号辐射噪声的 11 个时域统计特征构成的时域特征集 $S1$；原始信号幅值谱的 13 个频域特征组成的频域特征集 $S2$；对原始水声信号经过 1 个

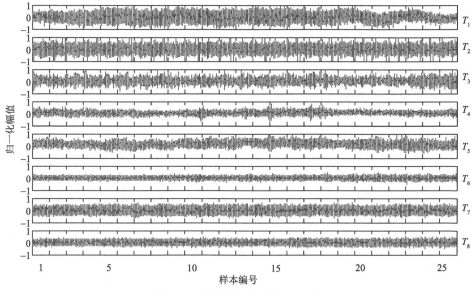

图 6-9 8 种不同目标的时域波形

低通滤波 LP（1kHz 以下）和 1 个高通滤波 HP（1kHz 以上）后得到的 2 个频带分量信号，分别提取它们的 11 个时域特征，共 22 个时域特征构成时域特征集 $S3$；对 2 个频带分量的 2 个 Hilbert 包络谱分别提取 13 个频域特征，共 26 个频域特征构成频域特征集 $S4$；计算出改进的 EMD 得到的 8 个 IMF 分量的 11 个时域特征，共 88 个时域特征作为时域特征集 $S5$；计算每个 IMF 分量的 Hilbert 包络谱，提取出 13 个频域特征，共 104 个特征构成频域特征集 $S6$；将 8 个 IMF 分量的相对能量构成的集合作为能量特征集 $S7$。将 $S1 \sim S7$ 中的 7 个时域和频域统计特征集，共 320 个特征构成综合特征集，利用特征距离评估技术对综合特征集进行特征选择，从而构成易于目标识别的敏感特征集。图 6-10 为选取 28 个敏感特征的示意图。

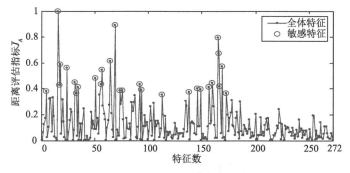

图 6-10 选取 28 个敏感特征示意图

6.5.2　针对不同集成数目的智能分类器性能比较

本节选择待定参数少、非线性映射能力和实用性较强的高斯径向基函数 $K(x,y) = \exp(-\|x-y\|^2/2\sigma^2)$ 作为基本 SVMs 分类器的核函数。在基于 AdaBoost 算法的集成 SVMs 和基于 Bagging 算法的可选择集成 SVMs 中，为了增强个体分类器的差异性，此处并不对超参数 C 和 σ 进行优化，在每个个体 SVMs 网络中，随机选择 $C \in [1, 100]$ 和 $\sigma \in [0.1, 1]$。

为了考察基于 AdaBoost 算法和 Bagging 算法的集成 SVMs 的集成数目对分类结果的影响，分别取集成 SVMs 的数目（即迭代次数）T=5、10、15 和 20 进行实验，敏感特征集中包含 28 个敏感特征，每次实验重复 10 次，平均识别准确率如图 6-11 所示。比较单一 SVMs 和两种集成 SVMs 对训练集的分类结果可以发现，集成 SVMs 和可选择集成 SVMs 的平均识别准确率都明显高于单一 SVMs 的平均识别准确率（90.58%），它们随着集成数目的增加而提高，当集成数目大于 15 个时，平均识别准确率达到 100%。分析训练集中单一 SVMs 的平均识别准确率较低的原因发现，可能是由于特征集中的特征不足致使在训练单一 SVMs 时出现了过学习现象，而集成 SVMs 能很好地克服这个困难。比较它们对测试样本的分类结果可以看出，集成 SVMs 的平均识别准确率（95.25%~97.50%）高于可选择集成 SVMs 的平均识别准确率（89.25%~91.42%），这两种集成 SVMs 的平均识别准确率都远高于单一 SVMs 的平均识别准确率（87.50%）。同时还可以看出，集成 SVMs 的平均识别准确率随着分类器集成数目的增加而提高。

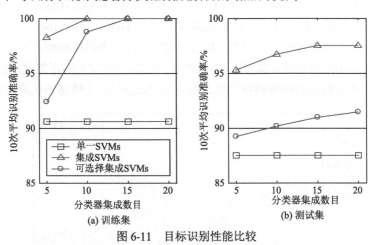

图 6-11　目标识别性能比较

6.5.3　不同的特征数目对分类结果的影响

为了进一步探讨特征选择中特征数目对分类结果的影响，此处取集成 SVMs

的数目 T=20，单一 SVMs、基于 AdaBoost 算法的集成 SVMs 和基于 Bagging 算法的可选择集成 SVMs 的识别精度如表 6-5 所示。其中识别精度为每次实验重复 10 次的平均结果。

在训练过程中，单一 SVMs 的识别精度都大于 79.63%，且在特征数目为 56 时取得最大值 93.25%；然而，当特征数目大于 14 时，集成 SVMs 和可选择集成 SVMs 的训练样本的识别精度都为 100%。

表 6-5　不同特征数目对应的识别精度比较

特征数目	单一 SVMs 识别精度/%		集成 SVMs 识别精度/%		可选择集成 SVMs 识别精度/%	
	训练	测试	训练	测试	训练	测试
272	85.73	83.92	100	98.75	100	88.75
224	84.67	82.50	100	97.50	100	91.25
196	89.25	86.12	100	97.05	100	90.00
168	92.58	87.50	100	97.05	100	91.25
140	91.63	81.75	100	98.75	100	93.75
112	89.12	80.50	100	100	100	93.75
84	90.83	89.75	100	98.75	100	93.75
56	93.25	90.13	100	100	100	96.00
28	90.58	87.50	100	97.50	100	91.42
21	86.23	79.16	100	97.50	100	89.62
14	82.15	75.00	100	98.75	99.27	89.14
7	79.63	74.50	98.25	92.75	96.27	87.23

针对不同的特征选择数目，单一 SVMs、集成 SVMs 和可选择集成 SVMs 的测试样本分类结果如图 6-12 所示。

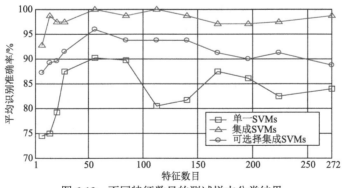

图 6-12　不同特征数目的测试样本分类结果

从表 6-5 和图 6-12 中可以看出，当特征数目为 272 个时（不作任何特征选择），单一 SVMs 对测试样本的识别精度为 83.92%，且随着选择特征数目的减少而提高，尽管当中有点波动，但总体趋势是增加的；当选择特征数目为 56 个时，单一 SVMs 对测试样本的识别精度最大（90.13%），说明对原始特征集进行特征选择能改善单一 SVMs 的识别精度。随着敏感特征集中选择特征数目的逐步减少，单一 SVMs 的识别精度也相应降低。这是由于特征数目太少时，单一 SVMs 发生了过学习现象，这与"特征数目的猛烈减少导致了分类精度的降低"的现象相符合[21]。然而，集成 SVMs 和可选择集成 SVMs 的测试结果均好于单一 SVMs。这说明，这两种集成 SVMs 方法都有效地克服了过学习现象。同时还可以看出，集成 SVMs 的分类性能好于可选择集成 SVMs。而且当选择特征数目为 56 个和 112 个时，集成 SVMs 取得最好的识别效果（100%）。

6.5.4 集成支持向量机与支持向量机的泛化性能比较

为了比较两种集成 SVMs 和单一 SVMs 的泛化性能，在表 6-4 的测试数据中添加不同含量的随机噪声。不失一般性，此处取集成 SVMs 的数目（即迭代次数）T=20 和特征数目为 56 个进行实验。不同噪声含量的分类性能比较如图 6-13 所示。

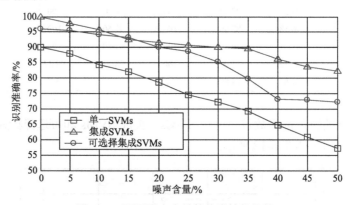

图 6-13　不同噪声含量的分类性能比较

从图 6-13 中可以看出，随着噪声含量的增加，单一 SVMs 的测试样本的识别准确率几乎直线下降，从 90.13% 降低到 57.10%。然而对于集成 SVMs 和可选择集成 SVMs 来说，当噪声含量小于 20% 时，它们的识别准确率都大于 90%。随着噪声含量增加到 50%，集成 SVMs 的识别准确率比可选择集成 SVMs 的识别准确率大约高 10%，而且这两种集成 SVMs 的识别准确率都远远高于单一 SVMs 的识别准确率。

上面分析可以看出，在三种分类方法中，集成 SVMs 受噪声的影响最小，故具有更好的泛化性能。

6.5.5 讨论

从 6.5.2 小节～6.5.4 小节的分析可以看出，集成 SVMs 对水中目标具有很好的识别效果。从 6.2 节中的分析可以看出，在集成学习理论中，Bagging 算法的训练集的选择是随机的，各轮训练集之间相互独立，而 AdaBoost 算法的训练集的选择不是独立的，各轮训练集的选择与前面各轮的学习结果有关。因此，尽管这两种集成学习算法在理论上都可以提高单一 SVMs 的分类性能，但 Bagging 算法中的各个识别函数是并行生成的，可以并行进行计算，而 AdaBoost 算法的各个识别函数是顺序生成的，理论上其运算速度比 Bagging 算法慢。不失一般性，此处取集成 SVMs 的数目（即迭代次数）$T=20$ 和特征数目为 56 个作试验，对 AdaBoost 算法和 Bagging 算法的分类性能和运算效率进行综合比较，如表 6-6 所示。

表 6-6 AdaBoost 算法和 Bagging 算法的比较

类型	分类精度/%		运行时间/s
	训练	测试	
AdaBoost 算法	100	100	9.7603
Bagging 算法	100	96.00	3.0148

从表 6-6 中可以看出，用 AdaBoost 算法和 Bagging 算法对 SVMs 进行集成时，基于 AdaBoost 算法的集成 SVMs 分类精度高于基于 Bagging 算法的可选择集成 SVMs 分类精度，但两者都有很高的分类精度，基本满足水中目标智能识别要求。同时可以看出，Bagging 算法的运行时间不到 AdaBoost 算法运行时间的 1/3，运算效率较高。

综合考虑两种集成算法的识别精度和运算效率，在满足识别精度和实时性要求的条件下，可以选择识别精度和运算效率都较高的基于 Bagging 算法的可选择集成 SVMs 作为实际水中目标识别系统的基本集成方法。

6.6 深度学习目标分类

深度学习是一种利用非线性信息处理技术实现多层次、有监督或无监督的特征提取和转换，并进行模式分析和分类的机器学习理论和方法。2006 年，由加拿大多伦多大学 Hinton 等[22]首次提出深度学习的概念，并将理论模型发表于 Science 期刊，开启了深度学习领域的浪潮。此后，随着各国学者不断探索，深度学习理论不断在医学、教育、工业等研究领域取得重大成果。

在水中目标处理方面，由于深度学习理论可以打破现有的水中目标识别中对先验知识和特征提取方法等的依赖，能够从原始信号进行学习，完成特征提取，极大降低噪声的影响，实现分类决策的自主化与智能化，近年来也有学者在进行着不断深入的研究。2017年，西北工业大学杨宏晖等[23]采用混合正则化深度置信网络进行舰船辐射噪声识别，表明通过描述深度特征能够提高水声目标识别率。2018年，陈越超等[24]采用降噪自编码器的方法对辐射噪声进行识别，分类结果优于传统的 BP 神经网络和 SVMs。2019年，吕海涛等[25]采用卷积神经网络对分帧并归一化后的舰船噪声信号进行分类，其分类性能优于传统高阶谱分类方法。深度学习水中目标分类方法如图 6-14 所示。

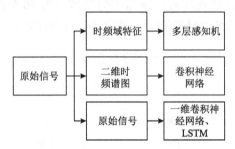

图 6-14　深度学习水中目标分类方法

本书采用二维时频谱图（LOFAR 谱）和深度学习模型（卷积神经网络）相结合的方式，对舰船噪声信号进行特征提取和分类。

6.6.1　二维时频谱图

LOFAR 谱分析方法是基于短时傅里叶变换产生的，其生成过程如图 6-15 所示，采用短时傅里叶变换方法通过分帧、加窗的方式对时间序列分段求对数功率谱。再通过对每一帧的功率谱数值离散化并用色阈值表示，将每一帧的数值依次叠加获得谱图，即 LOFAR 谱。LOFAR 谱中包含了时域和频域的信息，可以作为分类识别的依据。

原始信号　→　分帧　→　加窗　→　短时傅里叶变换　→　求对数功率谱　→　色域映射　→　LOFAR谱

图 6-15　LOFAR 谱生成过程

（1）分帧：由于舰船、潜艇等噪声信号具有时变性和非平稳性，因此可以对一个时间片段进行频谱分析，通常取几十毫秒并认为此时间区域内信号为稳态。从整段信号中取出一部分片段即称为分帧。实际分帧时，帧与帧之间往往存在重叠部分，目的是使信号帧之间过渡平缓。

（2）加窗：信号分帧时采用窗函数在原信号上以滑动截取的方式实现，选取窗函数时需要考虑窗函数的类型和宽度，尽量使得窗函数两侧过渡平滑，常用的窗函数有矩形窗、汉明窗、海宁窗等。

矩形窗：

$$\omega_{\text{rectangle}}(n) = \begin{cases} 1, & 0 \leqslant n \leqslant M-1 \\ 0, & \text{其他} \end{cases} \tag{6-14}$$

汉明窗：

$$\omega(n)_{\text{Hamming}} = \begin{cases} 0.54 - 0.46\cos\left(\dfrac{2\pi n}{M-1}\right), & 1 \leqslant n \leqslant M \\ 0, & \text{其他} \end{cases} \tag{6-15}$$

海宁窗：

$$\omega(n)_{\text{Hanning}} = \begin{cases} 0.5\left[1 - \cos\left(\dfrac{2\pi n}{M+1}\right)\right], & 1 \leqslant n \leqslant M \\ 0, & \text{其他} \end{cases} \tag{6-16}$$

式中，M 为窗长度。汉明窗可以避免信号泄露，应用最为广泛，实际使用中应注意窗函数类型和宽度的选取。

（3）短时傅里叶变换：对信号分帧加窗后，对每一帧信号进行傅里叶变换，将时域信号转换为频域信号，$X(i,k) = \text{FFT}\left[x_i(m)\right]$。

（4）求对数功率谱：对短时傅里叶变换后的数据计算谱线能量，$E(i,k) = [X_i(k)]^2$。通常会再求对数谱 $\lg\left(E(i,k)\right)$，使得频谱能量更加紧凑。

（5）色域映射：将能量谱幅值进行离散化，通常取 256 阶，从而将能量谱转化为灰度或 RGB 色值。

最后，通过将大量帧的离散色值按照时间顺序进行堆叠即获得 LOFAR 谱，可以用于进一步的目标分辨、自动识别分类等应用。

6.6.2 深度学习模型

20 世纪 80 年代就提出了卷积神经网络（convolutional neural networks, CNN）方法。直到 1998 年，Lecun 等[26]在研究手写数字识别问题时，将梯度反向传播算法和卷积神经网络进行结合，提出深度卷积神经网络 LeNet（如图 6-16 所示），其极高的识别率结果将卷积神经网络处理方法推向了蓬勃发展的新阶段。卷积神经网络的典型结构包含卷积层、池化层（也称为降采样层）、全连接层和 Softmax 层等，卷积层和池化层通常包含多个特征图像（由不同卷积核生成），通过多层的卷积和池化，可以将数据从二维矩阵转化为一维特征向量，最后通过 Softmax 等分类层即可获得预测的类别标签。

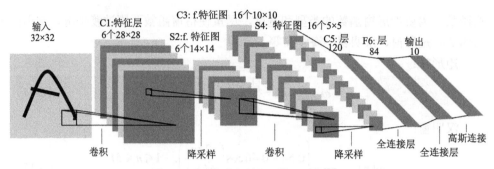

图 6-16　深度卷积神经网络 LeNet[26]

1. 卷积层

卷积层是卷积神经网络的核心，通过卷积核可以从输入中提取丰富的特征，从而形成特征图像。假设卷积层的输入为 X，卷积核为 k，则单次卷积输出为

$$y_{l_1,l_2} = \text{conv}(X,k) = f\left(\sum_{i=1}^{\sigma}\sum_{j=1}^{\sigma} X(i+l_1, j+l_2) \cdot k(i,j) + b\right) \quad (6\text{-}17)$$

式中，σ 表示卷积核大小；l_1 和 l_2 表示卷积核在输入图像上所处的位置；b 表示偏置项；f 表示激活函数，如 ReLU 激活函数、Sigmoid 激活函数等。

通过设置步长使得卷积核遍历整个二维输入图像矩阵，便可求得卷积层输出特征图像矩阵：

$$Y = \begin{pmatrix} y_{11} & \cdots & y_{1n} \\ \vdots & & \vdots \\ y_{m1} & \cdots & y_{mn} \end{pmatrix} \quad (6\text{-}18)$$

式中，输出特征图像大小 m、n 由原图像大小、卷积核大小以及卷积核移动步长决定。

2. 池化层

池化层也称为降采样层，是在卷积层之后对特征参数进行压缩，从而降低卷积神经网络特征数量和网络参数，提高运算速度，减少训练时间并能有效防止训练过拟合。与卷积层运算类似，池化层也是通过一个运算核在输入图像矩阵上进行滑动计算。不同的是池化层的运算核不含参数，而是采用计算区域内的最大值或平均值的方式输出。与之相对的池化层分别称为最大池化层（max-pooling）和平均池化层（average-pooling）。假设池化层输入为 X，核为 k（$\sigma \times \sigma$），池化输出为

$$\tilde{y}_{l_1,l_2} = \max_{i\in[1,\sigma], j\in[1,\sigma]}\left(X(i+l_1, j+l_2)\right) \quad (6\text{-}19)$$

或

$$\tilde{y}_{l_1,l_2} = \underset{i\in[1,\sigma],j\in[1,\sigma]}{\text{average}}\left(X(i+l_1,j+l_2)\right) \tag{6-20}$$

式中，σ 为池化运算核大小；l_1，l_2 为运算核在图像上的位置。

通过运算核遍历整个二维输入图像矩阵，便可求得特征图像输出矩阵：

$$\tilde{Y} = \begin{pmatrix} \tilde{y}_{11} & \cdots & \tilde{y}_{1n} \\ \vdots & & \vdots \\ \tilde{y}_{m1} & \cdots & \tilde{y}_{mn} \end{pmatrix} \tag{6-21}$$

池化运算时通常步长与运算核维数一致，因此池化层输出图像大小 m、n 由输入图像大小和核大小决定。

3. 全连接层和 Softmax 层

经过多层的卷积层和池化层处理后的特征矩阵，采用全连接层将图像矩阵排列成一位数组的形式输出，从而完成分类任务。一般卷积神经网络会采用 1~2 层全连接层，将特征摆成一维形式并对特征进一步提取，最终输出向量元素个数与待预测的标签类别数相同。最后采用 Softmax 激活函数，便可以得到每个标签类别的预测概率。

全连接层的输出为

$$z_i = X \cdot w_i + b, \quad i \in [1,K] \tag{6-22}$$

式中，z_i 为全连接层输入特征向量 Z 的第 i 个元素；X 为全连接层输入特征矩阵或特征向量；w_i 为输出向量第 i 个元素的加权求和向量；K 为输出向量的元素个数。

Softmax 层输出为

$$p_i = \frac{e^{z_i}}{\sum_{k=1}^{K} e^{z_k}} \tag{6-23}$$

式中，z_i 表示输入特征向量的第 i 个元素；p_i 表示 Softmax 层输出第 i 个值，即表示待分类数据属于第 i 类的概率。

6.6.3 二维时频谱图与深度学习相结合的目标分类识别分析

1. 舰船辐射噪声数据集

用代表 7 种不同水中目标的实测舰船辐射噪声对二维时频谱图深度学习目标分类模型进行验证。采样频率为 8000Hz，采样时间为 10s，即总共 80000 个采样点。其归一化时域和频域信号如图 6-17 和图 6-18 所示。

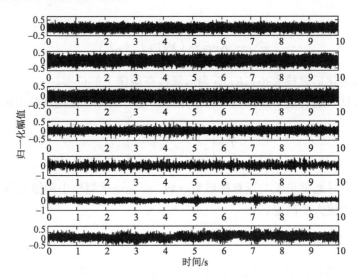

图 6-17　7 个舰船辐射噪声归一化时域信号

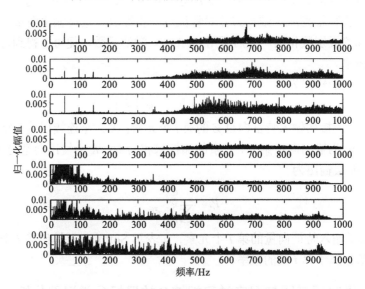

图 6-18　7 个舰船辐射噪声归一化频域信号

通过对噪声信号进行分帧、加窗、做短时傅里叶变换，将一维数据转化为二维时频谱图（LOFAR 谱），如图 6-19 所示。

由于深度学习训练需要大量数据，可通过对原始信号进行分段截取的方法进行数据库建立。本章在原始信号上截取 8000 个点为一个片段，片段之间重叠部分为 7000 个点，即每组信号可以生成 72 个数据片段，共计 7 类 504 个数据。最终通过 LOFAR 谱转化变换方法生成 504 张二维时频谱图，供后续训练分类。

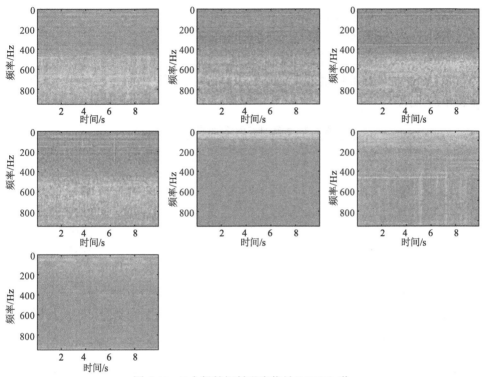

图 6-19　7 个船舶辐射噪声信号 LOFAR 谱

2. 舰船噪声信号谱图深度学习分类实验结果

卷积神经网络结构如图 6-20 所示，采用三层卷积层对图像特征进行提取，最后连接一层全连接层和 Softmax 层进行分类预测。

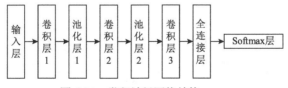

图 6-20　卷积神经网络结构

卷积神经网络各层主要参数如下。

输入层：本章中生成二维时频谱图格式为 224×224，RGB 三通道，因此输入层与之对应为 224×224×3；

卷积层 1：卷积核 3×3，共 8 个，步长为 1；

池化层 1：最大池化层，池化核 2×2，步长为 2；

卷积层 2：卷积核 3×3，共 16 个，步长为 1；

池化层 2：最大池化层，池化核 2×2，步长为 2；

卷积层 3：卷积核 3×3，共 32 个，步长为 1；

全连接层：输入为 7×1 向量（与类别数相同）；

Softmax 层：根据全连接层输出，按照 Softmax 激活函数判断类别。

采用分层抽样将数据集划分为训练样本集和测试样本集，最终训练测试结果如表 6-7 所示。

表 6-7 卷积神经网络训练测试结果

训练样本集	测试样本集	精度/%
7×60	7×12	97.38
7×48	7×24	94.88
7×36	7×36	88.57
7×24	7×48	84.88
7×12	7×60	82.14

将卷积层的卷积核大小修改为 5×5、7×7、9×7、11×11，训练数据与测试数据之比为 36∶36，对不同卷积核大小对卷积神经网络分类精确度的影响进行测试，结果如表 6-8 所示。

表 6-8 不同卷积核大小对分类精度的影响

卷积核大小	3×3	5×5	7×7	9×9	11×11
精度/%	88.57	93.81	98.57	98.57	97.22

将卷积层的激活函数设置为 ReLU、ELU、tanh 和 LReLU，验证不同激活函数对卷积神经网络分类精度的影响。训练数据与测试数据之比为 36∶36，结果如表 6-9 所示。

表 6-9 不同激活函数对分类精度的影响

激活函数	ReLU	ELU	tanh	LReLU
精度/%	88.57	98.41	96.75	93.33

将卷积神经网络中池化层分别设置为最大池化层和平均池化层，验证不同池化层对卷积神经网络分类精度的影响。训练数据与测试数据之比为 36∶36，结果如表 6-10 所示。

表 6-10 不同池化层对分类精度的影响

池化层	最大池化层	平均池化层
精度/%	88.57	93.49

调整数据单元长度，取时间长度分别为 0.2s、0.4s、0.6s、0.8s、1.0s 和其对应 LOFAR 谱如图 6-20 所示。验证不同数据单元长度对卷积神经网络分类精度的影响。训练数据集与测试数据集之比为 36：36，结果如表 6-11 所示。

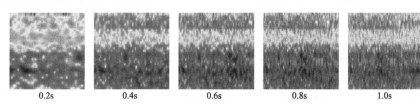

| 0.2s | 0.4s | 0.6s | 0.8s | 1.0s |

图 6-20　不同数据单元长度对应的 LOFAR 谱

表 6-11　不同数据单元长度对分类精度的影响

数据单元长度/s	0.2	0.4	0.6	0.8	1.0
精度/%	87.57	91.00	92.03	93.38	95.19

综合上述结果显示，尽管卷积神经网络各层的结构以及网络参数会对分类性能造成影响，但深度学习方法对于舰船噪声信号的总体分类效果较好，在水下目标智能识别方面具有可行性和广阔的应用前景。

6.7　小结

为了解决水中目标小样本模式识别问题，有效地提高复杂海洋环境中目标的识别精度，本章基于幅值谱分析、滤波、Hilbert 包络解调和改进的 EMD 等现代信号处理方法、特征距离评估技术的特征选择方法和 SVMs 分类器，结合遗传算法融合策略，提出了一种组合 SVMs 的水声目标智能识别模型；同时，提出利用集成学习理论中的 AdaBoost 算法和 Bagging 算法分别将多个 SVMs 进行集成，构建了两种新型的水中目标混合智能识别模型：基于 AdaBoost 算法的集成 SVMs 的智能识别模型和基于 Bagging 算法的可选择集成 SVMs 的智能识别模型。结合 8 种实测的水中目标辐射噪声数据对这三种混合智能识别模型的有效性进行了研究，并采用深度学习方法对水下目标噪声分类进行了探索，得到以下结论。

（1）主分量分析聚类方法验证了距离评估技术进行特征选择的有效性，证明了敏感特征集中的敏感特征基本上是不相关的。这也说明了距离评估技术是一种有效的特征选择方法，它可以去除原始特征集中的相关或冗余信息，选择到敏感特征集，从而提高分类器的分类精度。

（2）利用遗传算法可以将多个单一 SVMs 分类器进行组合，从而构成一个分类性能有效的组合 SVMs 分类器，它综合了各个单一 SVMs 分类器的优点，包含更为全面的特征信息，其分类性能优于单一 SVMs 分类器，具有很好的泛化能力。

（3）分别将基于 AdaBoost 算法的集成 SVMs 分类器和基于 Bagging 算法的可选择集成 SVMs 分类器作为水中目标混合智能识别框架中的集成分类器，即可构成水声目标智能识别模型。

（4）基于 AdaBoost 算法的集成 SVMs 分类器和基于 Bagging 算法的可选择集成 SVMs 分类器都能够有效地提高单一 SVMs 分类器的分类性能，同时克服由于样本特征数目选择不适当而产生的过学习现象，具有更高的分类精度、鲁棒性和良好的泛化性能。

（5）基于 AdaBoost 算法的集成 SVMs 分类精度高于基于 Bagging 算法的可选择集成 SVMs 分类精度，而 Bagging 算法的运行时间不到 AdaBoost 算法运行时间的 1/3，运算效率较高。综合考虑两种集成算法的识别精度和运算效率，在满足识别精度和实时性要求的条件下，可以选择识别精度和运算效率都较高的基于 Bagging 算法的可选择集成 SVMs 作为实际水中目标识别系统的基本集成方法。

（6）基于二维时频谱图变换和卷积神经网络相结合的深度学习模型能够对不同类型的舰船噪声进行分类。并且不同的网络模型结构参数、激活函数、池化方法以及数据片段长度均会对深度学习模型分类精度造成影响，为深度学习船舶噪声分类识别提供了一种新思路。

参 考 文 献

[1] Ward M K, Stevenson M. Sonar signal detection and classification using artificial neural network [C]. 2000 Canadian Conference on Electrical and Computer Engineering, Halifax, NS, Canada, 2000, 2: 717-721.

[2] Burcu E, Tulay Y. Conic section function neural networks for sonar target classification and performance evaluation using ROC analysis [J]. Lecture Notes in Computer Science, 2006, 345: 779-784.

[3] 徐建宁. 基于 HHT 和 ELM 的水下目标识别技术研究[D]. 哈尔滨: 哈尔滨工程大学, 2014.

[4] 孟庆昕. 海上目标被动识别方法研究[D]. 哈尔滨: 哈尔滨工程大学, 2016.

[5] 胡桥, 郝保安, 吕林夏, 等. 基于组合支持向量机的水声目标智能识别研究[J]. 应用声学, 2009, 28(6), 421-430.

[6] Reyna-Rojas R, Houzet D, Dragomirescu D, et al. Object recognition system-on-chip using the support vector machines [J]. Eurasip Journal on Applied Signal Processing, 2005, 7: 993-1004.

[7] Vapnik V N. The Nature of Statistical Learning Theory[M]. New York: Springer-Verlag, 1995.

[8] 李余兴, 李亚安, 陈晓, 等. 基于 VMD 和 SVM 的舰船辐射噪声特征提取及分类识别[J]. 国防科技大学学报, 2019, 41(1): 89-94.

[9] 任超. 基于支持向量机的水下目标识别技术[D]. 西安: 西北工业大学, 2016.

[10] 李新欣. 船舶及鲸类声信号特征提取和分类识别研究[D]. 哈尔滨: 哈尔滨工程大学, 2012.

[11] 边肇祺, 张学工. 模式识别[M]. 2 版. 北京: 清华大学出版社, 2000.

[12] 李斌, 王紫石, 汪卫, 等. AdaBoost 算法的一种改进方法[J]. 小型微型计算机系统, 2004, 25(5): 869-871.

[13] Freund Y, Schapire R E. A decision-theoretic generalization of on-line learning and an application to boosting [J]. Journal of Computer and System Sciences, 1997, 55 (1): 119-139.

[14] Freund Y, Schapire R E. Experiments with a new boosting algorithm [C]. Machine Learning: Proceedings of the Thirteenth International Conference, Bari, Italy, 1996: 148-156.

[15] Breiman L. Bagging predictors [J]. Machine Learning, 1996, 24(2): 123-140.

[16] Efron B, Tibshirani R. An Introduction to the Bootstrap[M]. New York: Chapman & Hall, 1993.

[17] Zhou Z H, Wu J X, Tang W. Ensembling neural networks: Many could be better than all [J]. Artificial Intelligent, 2002, 137(1-2): 239-263.

[18] Opitz D, Maclin R. Popular ensemble methods: An empirical study [J]. Journal of Artificial Intelligence Research, 1999, 11: 169-198.

[19] Krogh A, Vedelsdy J. Neural network ensembles, cross validation and active learning [C]. Advances in Neural Information Processing System, Cambridge, UK, 1995, 7: 231-238.

[20] Perron M P, Cooper L N. When networks disagree: Ensemble method for neural networks [C]. Artificial Neural Networks: Theory and Applications, San Diego, USA, 1991: 81-96.

[21] Hermes L, Buhmann J M. Feature selection for support vector machines [C]. Proceedings of 15th International Conference on Pattern Recognition, Barcelona, Spain, 2000: 712-715.

[22] Hinton G E, Salakhutdinov R R. Reducing the dimensionality of data with neural networks[J]. Science, 2006, 313(5786): 504-507.

[23] 杨宏晖, 申昇, 姚晓辉, 等. 用于水声目标特征学习与识别的混合正则化深度置信网络[J]. 西北工业大学学报, 2017, 35(2): 220-225.

[24] 陈越超, 徐晓男. 基于降噪自编码器的水中目标识别方法[J]. 声学与电子工程, 2018, (1): 30-33.

[25] 吕海涛, 巩健文, 孔晓鹏. 基于卷积神经网络的水声目标分类技术[J]. 舰船电子工程, 2019, 39(2): 158-162.

[26] Lecun Y, Bottou L, Bengio Y, et al. Gradient-based learning applied to document recognition[J]. Proceedings of the IEEE, 1998, 86(11): 2278-2324.